普通高等教育教材

现代仪器分析实验

黄漫娜　陈 强　孟国哲　主编

化学工业出版社
·北京·

内容简介

《现代仪器分析实验》共分成5章，包括绪论、光谱分析实验、色谱-质谱联用分析实验、电化学分析实验和热分析实验。

第1章主要介绍现代仪器分析实验基本知识，数据分析基础和样品采集、储存与处理；第2章包括紫外-可见吸收光谱、荧光光谱、红外光谱、原子吸收光谱、原子发射光谱、核磁共振波谱和X射线衍射，共七类光谱分析实验；第3章包括气相色谱-质谱联用和液相色谱-质谱联用，共两类色谱-质谱联用分析实验；第4章包括库仑分析、电位分析、伏安分析，共三类电化学分析实验；第5章包括热重分析和差示扫描量热分析，共两类热分析实验。对每种分析方法都进行了简单的机理和仪器结构的概述，并介绍了所涉仪器设备的基本操作规程，在此基础上设计了相应的实验内容。

本书可作为高等学校化学工程与工艺专业的教材，也可供化学、材料、药学等相关专业师生选用和参考。

图书在版编目（CIP）数据

现代仪器分析实验 / 黄漫娜，陈强，孟国哲主编. 北京：化学工业出版社，2026. 2. --（普通高等教育教材）. -- ISBN 978-7-122-49480-1

Ⅰ. O657-33

中国国家版本馆CIP数据核字第2025RQ8445号

责任编辑：陈燕杰　旷英姿　　文字编辑：王晶晶　师明远
责任校对：田睿涵　　装帧设计：王晓宇

出版发行：化学工业出版社
（北京市东城区青年湖南街13号　邮政编码100011）
印　　装：三河市航远印刷有限公司
787mm×1092mm　1/16　印张9　字数193千字
2026年3月北京第1版第1次印刷

购书咨询：010-64518888　　售后服务：010-64518899
网　　址：http://www.cip.com.cn
凡购买本书，如有缺损质量问题，本社销售中心负责调换。

定　　价：49.80元

本书编写人员

主编　黄漫娜　陈　强　孟国哲

编者　黄漫娜　陈　强　孟国哲

　　　杨　涛　郭宏磊　詹　怡

前言

现代仪器分析实验课程是化学工程与工艺专业的核心课程之一，是现代仪器分析专业理论教学的补充、持续和优化，也是学生理论联系实际、由基本原理向实践操作过渡的关键环节。本课程不仅能够巩固学生现代仪器分析的基本知识，还有助于提高学生运用相关知识、实验规范操作、仪器使用与改进、实验数据处理和分析的能力。同时，服务于高水平新型化工学科建设目标，为最终培养有理想、有情怀、宽口径、厚基础和重创新的新型化工专门人才提供保障。

本书共分成五章，包括绪论、光谱分析实验、色谱-质谱联用分析实验、电化学分析实验和热分析实验，由中山大学化学工程与技术学院教学一线的老师编写。具体分工如下：黄漫娜编写绪论、红外光谱分析实验、原子吸收光谱分析实验、原子发射光谱分析实验、核磁共振波谱分析实验、色谱-质谱联用分析实验，詹怡编写紫外-可见光谱分析实验，郭宏磊编写荧光光谱分析实验、热分析实验，陈强编写红外光谱分析实验、X 射线衍射分析实验，杨涛编写电化学分析实验，全书由孟国哲、黄漫娜、陈强统稿。

本书在编写过程中，得到了中山大学教学质量工程项目（教材建设）的支持，得到了学校和学院相关领导、学院多位同事特别是冯琳和郑娟老师的支持和帮助，还参考了国内外相关的教材和文献。在此一并表示衷心的感谢！

鉴于编者学识水平和经验有限，本书难免存在不妥之处，恳请各位专家和读者批评指正。

编者
于中山大学

目录

第 4 章
电化学分析实验 / 100

第 5 章
热分析实验 / 120

第 1 章

绪论

1.1 现代仪器分析实验基本知识

1.1.1 课程简介

本课程是为化工及其相关专业本科生设计，旨在通过实际操作使学生更加深入理解现代仪器分析方法与技术的原理、仪器构造和实际应用的一门专业基础课程，所涉及的内容适合本科二年级及以上学生。该门课程包含了现代仪器分析领域的主要代表性设备、技术和应用。

通过本课程的教学，可使学生掌握常用仪器分析方法的原理和仪器的主要结构；培养学生具有初步根据分析目的，结合各种仪器分析的特点和应用范围，选择合适分析方法的能力；使学生了解常见仪器分析方法相应的样品前处理方法，达到运用主流分析仪器与分析方法解决实际化工分析相关问题的能力。同时，培养学生理论与实践相结合的科学素养，吸收先进文化的国际视野，厚植爱国情怀与社会责任感。

1.1.2 实验室重要守则

- “安全始终是首要任务”。
- 如果出现任何问题或者你认为可能出现问题，请立即通知授课教师。
- 不要把自己置于危险之中。

① 学生在实验前应做好预习工作，包括但不限于阅读仪器设备的一般操作规程，熟悉实验原理和操作步骤，了解所使用化学物质的特性和使用注意事项，并按照要求书写预习报告。

② 实验室严禁烟火、禁止饮食。

③ 实验过程中，所有人员请穿实验服和长裤，必要时佩戴安全眼镜，请不穿凉鞋、

拖鞋！

④ 实验过程中，在预习报告上用黑色或蓝色油性笔（不能用铅笔！）认真记录所有的实验过程和原始数据。当纠正某些内容时，必须保证原始痕迹能被清晰识别。

⑤ 配制的溶液，必须贴上标签并做好标记，标记内容包括但不限于样品名称、实验操作人员信息、所用溶剂、样品浓度、配制日期。

⑥ 实验结束，请按照要求回收化学品，清洁实验台面和所用玻璃仪器。

⑦ 请注意，一般情况下抄袭违反学术道德。因此，抄袭实验报告的行为视为未正常完成实验！

1.1.3 实验报告格式示例

实验题目

一、实验目的

二、实验原理

三、样品前处理（如有）

四、数据记录和分析

五、结果与讨论

六、思考题

七、附录：一般为原始谱图

1.2 数据分析基础

1.2.1 数值分布

重复多次相同的分析实验时，结果常常不是一个常量，而是有一定统计学误差的分散的测量值。判断这些数据是否正常的一个重要的辅助方法是在预定义的间隔内检查频率分布。一组无限数据的正态分布曲线可以描述为高斯曲线。它与最大频率（算术平均值）的中心点对称。偏离平均值的概率在两个方向上相当。

正态分布图（图 1-1）取决于两个因素——均值（$\bar{x}$）和标准偏差（SD）。分布的平均值决定了图的中心位置，标准偏差决定了图的展开。它越精确和/或可重复性越高，高斯曲线就越窄。

正态分布（或正态分布曲线下的值）与标准偏差之间存在关系：

68.3%的值在$\bar{x}\pm1$SD 范围内，$P=68\%$

95.4%的值在$\bar{x}\pm2$SD 范围内，$P=95\%$

99.7%的值在$\bar{x}\pm3$SD 范围内，$P=99\%$

其中 P 是置信度。

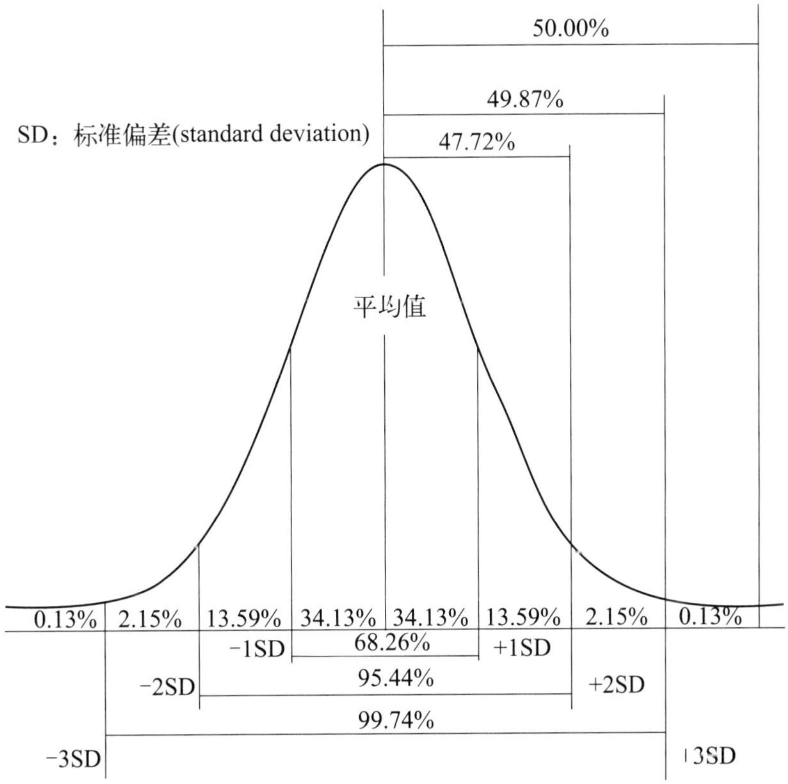

图 1-1　正态分布（高斯分布）

1.2.2　基本概念

1.2.2.1　平均值

计算 n 次测定的样品平均值 $\bar{x}$：

① 所有值加在一起。

② 结果除以所有值的数量（n）。

③ 算术平均值（$\bar{x}$）的单位与单个值相同。

$$\bar{x}=\frac{\sum_{i=1}^{n}x_i}{n}$$

式中，x_i 是单个值；n 是测量次数；i 是运行数（$i=1$，2，3，…，n）。

总体平均值 μ 为当 n 趋于无穷大时样本均值的极限。

$$\mu = \lim_{n\to\infty}\sum_{i=1}^{n}\frac{x_i}{n}$$

在没有系统误差的情况下，总体均值 μ 等于被测量样品的真值 T。

1.2.2.2 标准偏差

精度用标准偏差来描述。标准偏差是所谓的分散质量，是将测量值分散在平均值周围的度量，适用于从总体进行的测量。

对于无限次的测量，总体标准偏差 σ 如下：

$$\sigma = \sqrt{\lim_{n\to\infty}\frac{\sum_{i=1}^{n}(x_i-\mu)^2}{n}}$$

对于有限次数的测量，样品标准偏差 s 如下：

$$s = \sqrt{\frac{\sum_{i=1}^{n}(x_i-\bar{x})^2}{n-1}}$$

大多数情况样品的测量次数是有限的，因此通常使用样品标准偏差。例如在 Excel 中定义如下：

计算出的标准偏差（函数 STABW）是总体标准偏差的相互兼容的估计。这意味着它被 $n-1$ 整除，而不是 n 整除。

$$s \approx \sigma (n \leqslant 10 \text{ 时})$$

$$s = \sigma (n = \infty)$$

1.2.2.3 方差

一组数据点围绕其均值的分布可以用各种参数来描述，除了标准偏差之外，还有一个术语是方差。

方差（Var）是标准偏差的平方，由以下方程式给出：

$$\mathrm{Var} = s^2$$

1.2.2.4 平均值的标准偏差

如果标准偏差是通过对同一总体的大小 n 进行分组分析得到的平均值来计算的，则为平均值的标准偏差（$\bar{S}$），由以下方程式给出：

$$\bar{S} = \frac{s}{\sqrt{n}}$$

1.2.2.5 相对标准偏差

相对标准偏差（RSD）可由标准偏差和平均值计算得出。它给出了标准偏差 s 与平均值的比率，以百分比表示：

$$\mathrm{RSD}=\frac{s}{\bar{x}}\times 100\%$$

式中，RSD是相对标准偏差；$\bar{x}$是平均值；s是标准偏差。

如果不额外指定平均值，指定标准偏差一般用处不大。如果$s=5$，平均值为200或8，则差异很大。将标准偏差与平均值联系起来可以解决这个问题。

1.2.2.6 置信区间和置信限

置信区间（confidence interval，CI）是平均值附近的范围，在该范围内，真值可以预期处于一定的置信水平。置信水平定义为$1-\alpha$（1减去显著性水平）。因此，当有95%的置信区间时，可以说区间覆盖真实总体均值的概率为95%。

从有限的测量数据中无法确定μ和σ，可以利用统计学来表达真值μ位于测量平均值$\bar{x}$的某个区间内的概率。这个概率称为置信限（confidence limit，CL），通常以百分比表示（例如，CL为95%）。

通常，显著性水平选择为0.05（或相当于5%）。

1.2.2.7 有效数字

在计算中，结果永远不会比计算中最不准确的数字更准确（即使袖珍计算器显示10位数字）。有效数字反映了测量结果的准确性，描述了所有未知的数字位置加上估计的一位数位置。

一方面，当零不能表示数字的准确度时，添加零没有意义；另一方面，当零具有重要意义时，则必须保留。

示例：若一个测量任务允许测量精度为0.0001 L，如果一个人以这种精度测量3 L溶液，那么体积将被记录为3.0000 L（或3000.0 mL），即有五位有效数字。

一般来说，应该只使用与测量精度兼容的小数位数。

Stephenson介绍了一种简单的策略来确定数值计算中的有效数字。该方法基于三个步骤：

第一步：

将所有非零的数字框起来。

例如，0.00$\boxed{9874}$00。

第二步：

如果数字中有小数点，则在非零数字的后面继续画框。

例如，0.00$\boxed{987400}$。

第三步：

框中的数字就是有效数字。

因此，数字0.00987400有六位有效数字。

1.2.2.8 检出限

噪声是所有仪器和方法组合中固有的信号中发生的随机波动，它的大小限制了可以检测和测量的分析物的量。随着分析物浓度的降低，信号也会降低。在某个点，信号将无法与噪声区分开来，因此分析物将无法再被“检测”到。由于噪声的存在无法断定是否有分析物存在，只能确定一个检测限。检测是在背景噪声中识别微弱信号的能力，因此降低噪声将允许检测更少的分析物。检出限（limit of detection，LOD）是能够检测到的最低分析物浓度，并不意味着可以定量测量这一浓度，它只是指定分析是高于还是低于某一值。

确定检出限的最广泛使用的方法之一被称为 3σ 法。基本方法如下：通过分析方法分析空白的七八个重复值，将响应转换为浓度单位，并计算标准偏差（噪声）；该统计量乘以 3，结果为检出限。该方法的优点是易于收集数据，易于计算。如图 1-2 所示，这一经典定义描述如下：

$$x_S = \bar{x}_{B1} + 3\sigma_{B1}$$

式中，x_S 是检测极限处的测量信号；$\bar{x}_{B1}$ 是空白样品的信号平均值；σ_{B1} 是空白样品的标准偏差。

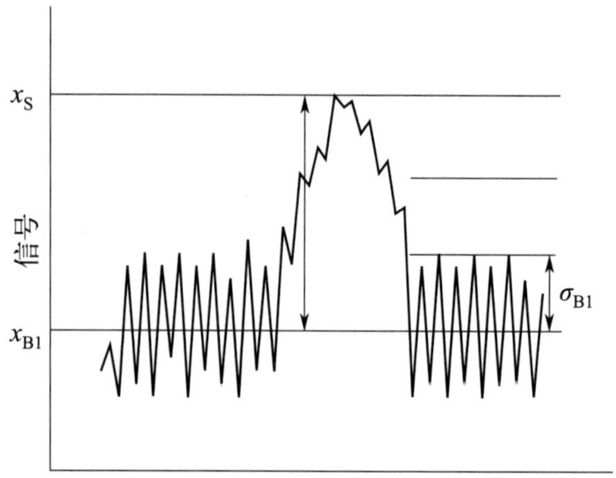

图 1-2 信噪比（S/N ratio）示意图

1.2.2.9 定量限

在检出限附近的分析精度通常比在较高浓度下的要差，这使得略高于检出限的浓度的不确定性也较高。因此，定义了另一个限值，即定量限（limit of quantitation，LOQ），它高于 LOD，并且具有更好的精度。

LOQ 是使用所述方法可以以给定的准确度和精度定量确定样品中分析物的最低浓

度，通常定义为 S/N 比为10/1的浓度；也可以从空白的标准偏差中确定，是空白标准偏差的10倍，以浓度单位表示，以简化的方式定义为：

$$x_C = \bar{x}_{B1} + 10\sigma_{B1}$$

1.2.3 准确度和精密度

准确度是衡量测量分析结果与真实答案之间接近程度的指标。对于几乎所有分析工作来说，“真实答案”是未知的，通常使用“公认值”或“参考值”代替。评估准确度的一种方法是分析已知的标准品，另一种方法是向样品中加入已知的纯分析物，样品经过分析，报告回收的添加分析物的量。例如，100%的回收率表明所有添加的分析物都通过分析方法测量到了。准确度可以通过报告测量值与“公认值”之间的差异或报告添加分析物的回收百分比来表示。

精密度是衡量同一试样重复测定结果之间相互接近程度的指标，通常用再现性和可重复性来讨论。一个常见的类比是想象一个射箭运动员射靶心，如果所有的箭都中了靶心，那么射箭运动员既准确（击中了靶心）又精确（所有的箭都彼此靠近）；如果所有的箭都射在靶子上某个非靶心的位置，并靠近在一起，那么射箭运动员是精确但不准确；如果箭射在靶子上的许多位置，也不靠近在一起，那么射箭运动员既不精确也不准确。可以使用标准偏差作为精密度的衡量指标，标准偏差小，只能说明结果是精确的，而不能说分析将得到正确的答案。但是，一个不精确的测定结果，准确的可能性小。精密度是准确度的必要条件，但不能保证准确度。

1.2.4 误差

分析过程中的误差主要有两种类型：系统误差（systematic error，或称为确定性误差 determinate error）和随机误差（random error，或称为不确定性误差 indeterminate error）。

1.2.4.1 系统误差

系统误差是由分析程序或分析中使用的仪器故障引起的，这种误差的原因可以被发现，然后被纠正。系统误差不是随机的，可能导致某个方法产生的分析结果总是偏高或者偏低。

系统误差有时是恒定的，即所有结果都偏高或偏低相同的量。例如，三个分析物样品的真实结果是25 mg/L、20 mg/L和30 mg/L，测量的结果分别是35 mg/L、30 mg/L和40 mg/L，那么分析的恒定误差是10 mg/L。由于这些结果都偏高，恒定误差是正的。恒定的负误差10 mg/L将导致三个测量结果分别为15 mg/L、10 mg/L和20 mg/L。

系统误差有时与真实结果成比例，导致比例误差。例如，如果前面三个样品分别是27.5 mg/L、22.0 mg/L和33.0 mg/L的分析物，那么测量结果比真实答案高10%，这个误差随着真实值的变化而变化。其他的系统误差可能在符号和大小上都是可变的，比如温度变化时溶液体积的变化。虽然这种变化可以是正的或负的，但它可以被识别和解释。

系统误差是由分析过程中某个错误步骤引起的。每次进行测定时，这个错误步骤都会重复出现。无论一个样品分析 5 次还是 50 次，结果可能都彼此一致（精密度好），但与真实答案相差甚远（准确度差）。结果高度一致（即高精度）并不能排除存在系统误差的可能性。

系统误差是可控的，分析者有责任识别并纠正这些导致结果偏离真实值的误差。通常使用两种方法来识别系统误差的存在。第一种方法是用一种完全不同的分析程序来分析样品，且这种程序已知不存在系统误差。这样的方法通常被称为“标准方法”，它们经过许多实验室的广泛评估，并被证明是准确和精确的。如果两种分析的结果一致，那么可以合理地假设两种分析程序都不存在系统误差。第二种方法是用已知、公认浓度的分析标准物质进行几次测试。已知（真实）浓度与分析测量的浓度之间的差异可以提示误差。如果对已知参考标准的分析结果一致偏高或偏低，则说明方法中存在系统误差。为保证结果的准确性，必须识别误差的原因，并予以消除或控制。

系统误差可能由未校准的天平、校准不当的容量瓶或移液管、故障的仪器设备、不纯的化学药品、错误的分析程序或技术以及分析人员的错误引起。

1.2.4.2 随机误差

在检测和消除了分析程序的所有系统误差之后，分析方法仍然会受到由于物理测量的内在局限性产生的随机或不确定性误差的影响。每个误差可能是正的或负的，每个误差的大小也会有所不同。不确定性误差不是恒定的或有偏的，它们是随机的，是同一分析人员在相同条件下对重复样品进行测量时结果略有不同的原因。随机误差的来源包括读取天平尺子或刻度盘等的局限性，以及仪器中的电“噪声”。例如，只能测量到 0.001 g 的天平无法区分 1.0151 g 和 1.0149 g 的两个样品，导致测量的结果偏低和偏高。随机误差可能导致结果过高或过低。测定平均值是准确的，但每个单独的测定值可能略有不同。在某些情况下，不确定性误差来源于无法校正、避免或识别的来源。

所有程序都受到不确定性误差的影响。然而，由于不确定性误差是随机的，这些误差将遵循随机分布。这个分布可以用概率定律和基本统计学来理解。不确定性误差的大小可以通过数学方法计算。假设已经开发出一种没有系统误差的分析方法，如果使用这种方法对单一样品进行无限次分析，数值结果的分布将呈现正态分布或高斯分布。如果只有随机误差，那么出现频率最高的结果，即曲线的最大值处的结果，就是正确答案。

1.2.5 回归分析

回归分析适用于处理各种问题。

① 识别相关性：可以在迄今为止尚未研究的两个特征之间识别出功能相关性。

② 相关性证明：怀疑这两个特征之间存在相关性。回归可以用来证明这种相关性。

③ 相关性的性质和大小的估计：已知相关性的类型和大小可以通过回归分析来估计。

④ 缺失值或未来值的预测：回归可用于预测缺失值或未来值（位于测量点之间的值）。

1.2.5.1 校准功能

校准函数是测量值（例如吸光度）和含量（例如质量浓度）之间的函数相关性。

校准函数可以是线性的，也可以是非线性的。在某些情况下，有必要将校准范围细分为几个子部分。只要函数测定具有明确的可重复性，线性和非线性校准函数都适用于测定浓度。校准函数通常存在线性相关性。

最简单的回归模型，即两个特征之间的线性相关模型，可用于简单的推导。

基本上，简单回归分析由三个部分组成。

① 被称为“自变量”的值 x。

② 被称为“因变量”的值 y。

③ 假设这两个值之间存在 $y=f(x)$ 形式的函数相关性。

校准，是在特定条件下建立分析仪器指示值与分析物相应已知值之间关系的一组操作。

1.2.5.2 线性回归

最简单的函数关系是线性关系，即特征 x 和 y 之间的相关性可以用直线来描述。线性相关性可以通过以下事实来识别，即所有数据点都可以用一条线来描述，至少是近似的。

在不详细介绍各个计算阶段的情况下，回归曲线的解如下：

$$y=ax+b$$

式中，y（信号）是响应变量；a（斜率）是灵敏度；x（例如浓度）是自变量；b（截距）是盲信号（$x=0$ 时的 y 值）。

线性描述了一种方法在与分析物浓度成正比的给定浓度范围内显示结果的倾向。这是基于信号和浓度之间的相关性预计是线性的，并且可以通过线性回归模型进行数学描述的假设。使用合适的数学模型进行回归，使用一阶线性校准函数时，相关系数仍然是广泛接受的线性度量。

在定量分析中，特别是在校准的情况下，回归计算可以通过从多次校准测量中得出测量函数及其参数（灵敏度、盲信号等）来提供非常好的服务。然而，线性回归的计算方法只能在测量值和定量含量之间确实存在线性相关性，并且在校准函数的上下限存在统计上可比的离散度或重复测量值时使用。

1.2.5.3 分析灵敏度

由斜率值给出的线性回归中测量函数的梯度对应于分析灵敏度。测量函数的直线越陡，信号对样品分析物含量变化的反应就越灵敏。如果灵敏度保持不变，则处理的是线性测量函数。通过对一个或两个轴进行对数运算，非线性测量函数有时可以线性化。

1.3 样品采集、储存与处理

样品是调查对象的一部分，必须具有代表性，且在实验室进行全面处理和分析。获得正确分析结果的先决条件是进行正确的采样和适当的前处理。

样品，是从大量材料中选择的一部分材料。该术语需要定性，例如散装样品、代表性样品、原始样品、测试样品。“样品”一词意味着存在取样误差，即所取部分的结果只是对母材中成分浓度或性质数量的估计。

1.3.1 样品采集

分析中最重要的步骤之一是收集待分析样品。样品采集通常不是由进行分析的人员完成，而是由现场技术人员完成。实际样品通常不是均匀的，因此必须仔细选择样品，使其具有代表性。具有代表性的样品是能够反映原始材料分析物的真实值和分布的样品。

所取样品量应尽可能满足所有分析项目的要求，至少应满足重复两次或三次分析的需要。如果样品量很少，例如犯罪现场的法医样品或从月球带回的岩石，分析人员必须尽最大努力利用所提供的样品进行分析。

实际材料中取样所遇到的问题，一个很好的例子是收集金属或金属合金的样品。当熔融金属凝固时，首先形成的固体部分往往是纯的，最后凝固的部分是最不纯的且通常位于凝固金属的中心核心。在固体金属取样时，这一点必须牢记。通常从固体的代表性横截面研磨，或者在合适的位置钻孔，将粉屑混合后作为样品。

样品必须使用某种收集工具收集，并放入某种容器中。这些工具和容器往往会导致样品污染。例如，不锈钢针头可能会将金属痕迹添加到血液或血清样品中；金属铲子、剪刀、钻头、玻璃吸管、滤纸以及塑料和橡胶管都可能将不需要的无机和有机污染物添加到样品中。为了避免来自钢的铁、镍和铬污染，一些工具如镊子和夹子可以购买铂或金尖端的产品。

采样过程需要几个步骤，特别是当采样散装材料如煤、金属矿石、土壤、谷和油或化学品罐车时。首先，从批次（批次是可用的全部材料）中收集一个总体代表性样品。应在批次的不同位置取样，确保总体样品具有代表性。对于非常大的固体材料批次，如煤或矿石，可以使用长堆法和圆锥四分法。长堆法是材料被堆成一个方形的长堆，然后通过铲子将其分成两堆；其中一堆被保留，另一堆继续重复该过程，直到留下一个实验所需要的样品。圆锥四分法是样品被堆成一个圆锥并混合，然后将其分成四个象限；第二个圆锥由两个相对的象限组成，其余的样品被丢弃；重复这个过程，直到获得一个适合分析的样品。一个生成随机数用以选择采样位置的计算机程序，对于环境和农业采样非常有用。例如，有一片玉米地，可以将玉米地划分成一个网格，每个网格都赋予一个数字，再利用计算机程序随机选择要采样的网格，然后混合样品制备成一个较小的、均匀的实验室样品。

如果样品是分层的（即高度不均匀），代表样品必须是一个反映每个区域相对数量的混合样品。这种情况往往是未知的，将导致需要非常大的样品。实验室样品可以通过多种方法获得，但必须代表整个批次，并且有足够的量用以完成所有的测试。实验室样品选定后，通常会被分成更小的测试部分，并用于重复分析和多种技术分析。

工业材料、环境样品和生物样品的采样通常由工业界、政府和专业学会指定标准化程序。标准的采样程序有助于确保所分析的样品具有代表性，并且在采样过程中没有被污染或改变。这里简单讨论几种不同类别材料取样的通用方法。

1.3.1.1 气体样品

气体样品通常被认为是均匀的，但气体混合物可能会分离成不同密度的层。收集后的样品在取样分析前需要搅拌。气体样品既可以在单个时间点取样，也可以在一段时间内或从不同地点收集取样以得到混合样品。气体样品可以使用气密注射器、气球、塑料袋或可抽空的金属或玻璃容器收集。有毒、易燃或腐蚀性气体的采样应使用适当的安全设备，并注意安全。

用于收集样品的容器不得污染待测物样品。塑料袋和气球可能会使挥发性有机化合物渗透到气体样品中，而玻璃容器可能会将样品的成分吸附到玻璃表面。

样品中的某些成分，如空气中的有机蒸气，可以将空气通过活性炭来收集。有机气体被吸附到活性炭上，而大部分空气（氧气、氮气等）不被吸附。这具有预浓缩感兴趣分析物和减小样品物理尺寸的优点。许多升空气可以通过一个不比圆珠笔大的活性炭，将被困在活性炭上的分析物运输到实验室，这比运输数百升空气要容易得多。从气相中捕获分析物的过程称为净化。气体样品通过吸收感兴趣分析物的液体也可以完成气体样品的净化。

气体样品可能含有需要通过过滤去除的固体材料颗粒。过滤材料的选择必须确保其不会吸附分析物或向气体中添加污染物。可利用过滤器去除直径 0.2 μm 的颗粒。

1.3.1.2 液体样品

液体样品可以作为即时样品或混合样品收集。采集液体样品，并不总是像从瓶中或者桶中直接倒出流体那么简单，可能会相当困难。这里只对液体的一般采样做一些介绍。液体样品通常需要充分搅拌以获得均匀的样品。然而，有时却不能搅拌。例如分析人员只对漂浮在水上的油层感兴趣，那么搅拌样品是不必要的，只需用移液管或滴管将油层抽出。采集代表性样品时，必须远离污染源。例如，采集“正常”河水样品，应在远离河岸，漂浮的泡沫、油和工业及市政污水处理设施排放的地方。河流、湖泊和类似水体的采样可能需要从不同深度或离岸不同距离处取样。这些样品可以单独分析，也可以混合之后分析。

液体样品可能含有需要通过过滤或离心去除的固体颗粒。过滤材料的选择必须确保其不吸附分析物或液体。混悬样品，如橙汁，可能需要预先分离后对相应的液体和固体分别进行采样分析。从这些悬浮液中获得代表性样品可能很困难，因此需要一种标准的采样程序来确保样品的可比性。液体样品可能由多层组成，因为它们含有两种或更多种不相溶的液体，如海上石油泄漏的水样品、油醋沙拉酱样或牛奶瓶顶部的奶油样品。这些样品可能需要乳化以提供代表性样品，但有时候分层采样可能更有代表性。

对高温熔融材料如金属、合金和玻璃的采样是一种液体采样形式，但需要非常专业的设备和技术。

1.3.1.3 固体样品

固体样品通常是最难取样的，因为它们通常比气体和液体更不均匀。大量的固体样品不能“搅拌”，与流体不同的是，固体中没有扩散或对流来确保混合。固体样品通常需要被研磨、钻孔或制成更小的颗粒以使样品均匀化。有许多类型的手动和自动研磨机和破碎机可供选择，选择哪种取决于要研磨的硬度。软材料在研磨时也面临挑战，因为它们往往只是变形而不是被减小尺寸。聚合物颗粒可以在加入少量液氮的咖啡研磨机中研磨（称为低温研磨）。液氮使聚合物冻结，使颗粒变得脆弱，易于粉末化。其他软固体如食物也可以用同样的方法处理。有商业化的低温磨，可以防止用户与液氮接触。许多固体材料在取样前必须在烘箱中干燥以去除吸附的水分，从而获得有代表性的样品。

1.3.2 样品储存

当样品不能立即被分析时，必须将其储存。由于与空气、光线或容器材料的反应，样品的组成在储存期间可能会发生变化。用于收集和储存样品的容器和储存条件必须选择得当，以最大限度地减少样品的变化。

塑料容器可能会将有机成分如增塑剂和单体渗透到样品中，还可能引入痕量杂质，如来源于制造聚合物时所使用的催化剂 Cu、Mn 或 Pt，或来源于无机填料和阻燃剂中的元素 Si、Ti、Sb、Br 和 P。

玻璃容器表面既能吸附也会释放痕量的离子物种，这会显著改变溶液中的痕量元素和痕量离子的浓度。痕量金属会沿着玻璃应力线从溶液中“析出”，这种应力线在不同的容器之间是不可重现的。因此，不能通过测量类似但不同的容器中的损失来估计一个容器中痕量金属的损失。

所有容器在使用前都需要适当的清洁。储存有机样品的容器通常用有机溶剂清洗，而储存痕量金属样品的容器则需用酸浸泡后再用去离子水清洗。

将生物和环境样品冻结或用惰性气体置换容器中的空气等预防措施通常可以延长样品的储存寿命。样品在分析前不应储存过长时间，也不应在高温或高湿条件下储存。有些样品需要在黑暗中储存，以避免光致分解。如水样中银的分析，样品必须储存在黑暗的塑料瓶中，以避免形成光致胶银进而从样品中沉淀出来。许多环境分析的样品需要添加防腐剂或调整 pH，以防止样品变质。用于测定痕量金属的水样必须用高纯度硝酸酸化，以保持痕量金属的溶解状态。血液样品通常需要收集在含有抗凝剂的试管中，以保持血液样品的流动性，但抗凝剂不得干扰分析。其他生物样品可能需要收集在无菌容器中。

容器必须准确标记，并且标记方式在储存过程中不会劣化。例如，不要使用水溶性标记笔在要放入冰箱的样品上标记。应清楚地识别样品及其相关的任何危险。作为一个学生，应该养成在实验室里把所有容器都贴上标签的习惯，写上姓名、日期和容器里的内容。

1.3.3 样品处理

大多数样品在分析之前都需要进行一些化学或物理处理。所有样品处理的目的是将待测物以仪器要求的物理形式表现出来，且不受干扰物质的影响，并且在仪器要求的浓度范围内。对于许多仪器来说，需要将待测物溶解在有机溶剂或水中。固体样品可能需要被粉碎或研磨，或者需要用水、酸溶剂清洗以去除表面污染。多相液体样品可能需要进行萃取或分离，也可能需要过滤或离心。

如果样品的物理形式与仪器要求的物理形式不同，则需要进行更复杂的样品处理。样品可能需要溶解以形成溶液，或者压制成片状，或者浇铸成薄膜，或者进行抛光和打磨。样品处理类型取决于样品的性质、选择的分析技术、要测量的待测物以及要解决的问题。大多数样品是非均相的，许多样品含有干扰待测物测定的组分。为了处理这些实际样品中的问题，已经开发出各种各样的样品处理方法。这里主要介绍一些常见的样品处理技术。

1.3.3.1 酸溶解和消化

金属、合金、矿石、地质样品、陶瓷和玻璃能与浓酸反应，这种方法常用于溶解这些样品。有机材料如生物组织、食品和塑料等样品可以使用浓酸分解（消化或湿法灰化），以去除碳质材料并将样品中的痕量元素溶解。通常将样品称量到一个烧杯中，加入浓酸，然后在电热板上加热，直到固体材料溶解。如果能够在高于大气压的压力下加热样品，溶解速度通常会快得多。在较高压力下，溶剂的沸点会升高，使样品和溶剂能够加热到比大气压下更高的温度。在一个密闭容器中进行，有助于防止易挥发元素从样品中逸出。有一种方法是使用专门的不锈钢高压容器，用于酸溶解和在氧气下燃烧有机样品。虽然这些容器确实可以加快溶解速度，但它们在数百个大气压下操作，如果操作不当，可能会非常危险。另一种技术是微波消化，使用由聚合物制成的密闭样品容器，在特制的实验室微波炉（如微波消解仪）中加热。（！切勿使用家用微波炉进行样品制备。家用微波炉的电子设备没有防护措施，无法防止腐蚀性气体，可能会发生电弧，而且微波源和磁控管很容易过热和烧毁。）密闭容器微波消化方法可以将易挥发元素保持在溶液中，防止外部污染物污染样品，并且比在敞口烧杯中使用电热板消化要快得多。

通常用于溶解或消化样品的酸有盐酸（HCl）、硝酸（HNO_3）和硫酸（H_2SO_4）。这些酸可以单独使用，也可以混合使用。选择哪种酸或酸混合物取决于要溶解的样品和待测量的分析物。酸的纯度必须与要确定的分析物水平相匹配。用于 10^{-9} 或更低水平元素工作的高纯度酸在市场上有售，但比试剂级的酸要贵得多。对于特殊应用，可能需要使用高氯酸（$HClO_4$）或氢氟酸（HF）。（！学生没有经过严格的正规培训，绝不能使用 $HClO_4$ 或 HF。使用时也必须在指导老师的密切监督下进行。）虽然 HNO_3 和 $HClO_4$ 的混合物在湿法灰化有机材料方面非常高效，但 $HClO_4$ 存在非常严重的爆炸危险。需要特别设计的通风橱来防止 $HClO_4$ 蒸气聚集形成爆炸性的金属高氯酸盐，而且热的 $HClO_4$ 与有机化合物的反应可能会导致剧烈的爆炸。同时应使用防爆盾，并且有机样品必须先用 HNO_3 单独加热以破坏易氧化的物质，然后再加入 $HClO_4$。HF 用于溶解基于二氧化硅的玻璃和许多难熔金属，如钨，但操作起来危险性很大。它会导致严重的、极其痛苦的深度组织烧伤而且在接触时不会立即感到疼痛。然而，HF 烧伤的治疗延迟可能导致严重的医疗问题，甚至在接触相对少量的酸后死亡。

HCl 是最常用的非氧化性酸，用于溶解金属、合金和许多无机材料。HCl 通过与溶解的阳离子形成稳定的氯化物络合物来溶解许多材料。HCl 溶解材料有两个主要限制：一些元素可能会以易挥发的氯化物形式丢失，如砷、锑、硒和锗；一些氯化物在水中不溶或者溶解度差，例如，氯化银（AgCl）、氯化亚汞（Hg_2Cl_2）、氯化亚铜（CuCl）、氯氧化铋（BiOCl）和氯化金（Au_2Cl_6，$AuCl_3$ 的二聚体）不溶于水，氯化铅（$PbCl_2$）和氯化铊（TlCl）仅部分溶解于水。HCl 和 HNO_3 的混合物（3∶1）称为王水，具有溶解金、铂和钯的能力，对于不锈钢和许多特殊合金的溶解也非常有用。

HNO_3 是一种氧化性酸，它具有将溶质转化为更高氧化态的能力，也可以单独用于溶解元素，包括镍、铜、银和锌。使用 HNO_3 溶解样品的主要问题是，它经常在样品表面形成一层不溶的氧化物，阻止样品溶解。因此，它经常与 HCl、H_2SO_4 或 HF 一起使用。HNO_3 和 H_2SO_4 的混合物，或 HNO_3 和 $HClO_4$ 的混合物可以用来破坏有机样品中的有机物，当样品在酸混合物中加热时，将碳和氢转化为 CO_2 和 H_2O，样品中的痕量金属留在溶液中。这种用酸破坏有机物的方法就是前已述及的湿法灰化或消化。H_2SO_4 是一种强氧化性酸，在消化有机样品方面非常有用。它的主要缺点是会形成许多不溶或微溶的硫酸盐。

HF 是一种类似于 HCl 的非氧化性酸。它最重要的特点是能够溶解基于硅的物质，如玻璃和许多矿物。在加热时，所有或大部分的硅都会与足够的 HF 反应。HF（即使是稀释的 HF）的盛放或储存，都不能使用玻璃烧杯和烧瓶，需要使用聚四氟乙烯或其他聚合物的器皿和瓶子，如市售的可加热聚四氟乙烯烧杯，底部为石墨，可在电热板上使用。HF 溶解许多难熔的元素和矿物，一些元素以氟化物络合物的形式溶于水中，如钨、钛、铌和钽；一些元素会以易挥发的氟化物形式损失，如 Si、B、As、Ge 和 Se；还有许多不溶的氟化物，包括大多数碱土金属如 Ca、Mg、Ba 和 Sr，以及稀土元素

（镧系元素）。

有些碱，如氢氧化钠和四甲基氢氧化铵，可用于样品溶解；一些不是酸或碱的试剂，如过氧化氢，也可用于样品溶解。

1.3.3.2 熔融

将细粉状固体样品与细粉状盐在高温下加热混合熔化的过程称为熔融或熔盐熔融。反应并冷却后的熔体用蒸馏水或稀酸浸取，以溶解待测元素用于原子光谱或电感耦合等离子体-质谱（ICP-MS）分析。通常，将熔融的混合物倒入平底模具中，使其冷却，得到的样品用于 X 射线荧光光谱（XRF）分析。熔盐熔融适用于溶解含硅酸盐的矿物、玻璃、陶瓷、矿石、人体骨骼以及许多难溶的材料，如碳化物和硼化物。所用的盐（称为助熔剂）包括碳酸钠（Na_2CO_3）、硼砂｛四硼酸，$Na_2[B_4O_5(OH)_4]\cdot 8H_2O$｝、偏硼酸锂盐（$LiBO_2$）和过氧化钠（$Na_2O_2$）。熔融在适当的坩埚中进行，可使用燃烧器或马弗炉。根据所用助熔剂和待测元素的不同，坩埚可用铂、镍、锆、陶瓷、石英或玻璃碳材质。个别设备可以一次熔融多达六个样品，并将熔体倒入 XRF 模具或烧杯中，适用于需要大量熔融的实验室。熔融的缺点是，所用的盐作为助熔剂可能会将痕量元素杂质引入样品，坩埚材料本身也可能会污染样品，需确保助熔剂中含有的元素不能作为样品中的待测元素。例如，如果助熔剂是硼砂或偏硼酸锂盐，则不能用于硼的测定；如果要测定痕量水平的铂催化剂，则不能使用铂坩埚。

1.3.3.3 干法灰化和燃烧

为了分析有机化合物或物质中的无机元素，通常需要去除有机基质。除了前面已经提到的用浓酸进行湿法灰化的方法，还有一种方法是干法灰化，即将样品在空气或氧气中燃烧。有机组分反应生成气态二氧化碳和水蒸气，留下无机成分作为固体氧化物。灰化通常将样品放置在铂或熔融石英的坩埚或蒸发皿中，在马弗炉中进行。即使在相对较低的温度下，易挥发的元素也会损失。因此，干法灰化不能用于测定汞、砷、镉以及许多在环境和生物样品中感兴趣的其他金属。1 g 或更少的有机材料在纯氧气氛中通过电点火，并加入少量的吸收溶液，如水或稀酸，有机组分生成二氧化碳和水，感兴趣的元素溶解在吸收溶液中。在大气压下，可以在一个叫作 Schöniger 烧瓶的玻璃装置中进行有氧燃烧。这种技术用于从有机物中获得含有硫、磷和卤素的水溶液，最大的限制是最多只能燃烧 10 mg 的样品。

1.3.3.4 萃取

前面讨论的样品制备技术用于无机样品或通过去除有机基质来测定有机材料中的无机成分。对于有机样品，最常用的方法是用合适的溶剂将分析物从样品基质中提取出来。溶剂的选择需要考虑分析物的极性，因为“相似相溶”（极性溶剂溶解极性化合物，而非极性溶剂溶解非极性化合物）。常见的提取溶剂包括已烷、二氯甲烷、甲基异丁基酮（MIBK）和二甲苯。

（1）溶剂萃取

溶剂萃取是基于分析物在不相溶两相中的一相中优先溶解的原理。有两种常见的情形：从固体相（如土壤）中提取有机分析物到有机溶剂中以进行后续分析；从一种液体相中提取分析物到另一种相溶的液体相中，例如从水中提取多氯联苯（PCBs）到有机溶剂中以进行后续分析。

液-液萃取广泛应用于环境分析中，用于从水样中提取和浓缩有机化合物，例如从水中提取杀虫剂、多氯联苯和石油烃。液-液萃取还可应用于测定牛奶中的脂肪，从临床化学样品（如尿液）的基体中分离有机金属配合物。例如，通过液-液萃取，尿液中的重金属可以作为有机金属配合物被提取出来，随后利用原子吸收光谱法测定其中的金属含量。具体操作如下：在分液漏斗中，向适宜 pH 的尿液样品中加入金属螯合剂和甲基异丁基酮（MIBK）溶剂；振荡并静置后，重金属以络合物形式从盐、蛋白质和其他尿液成分中分离出来，溶解在有机溶剂层。该方法除了可以提供一个“干净”的样品外，还可以将金属浓缩到更小体积的溶剂中，提高了分析的灵敏度。

从固体样品如食品、土壤、植物和类似材料中提取有机分析物如农药、PCBs 和脂肪，可以使用索氏提取器。索氏提取器由一个圆底烧瓶组成，烧瓶的瓶颈处装有一个玻璃样品室/虹吸室，在样品室上方是一个标准的水冷冷凝器。固体样品放在一个纤维素或玻璃纤维的多孔支架中，称为套管；溶剂放在圆底烧瓶中。使用加热套加热烧瓶，溶剂被蒸发、冷凝，并滴落在样品上以达到冲洗的目的。可溶性分析物被提取，然后虹吸回圆底烧瓶中。只要加热，这个过程就会不断进行，提取的分析物在圆底烧瓶中浓缩。

（2）固相萃取

在固相萃取（SPE）中，萃取剂不是有机液体，而是固相材料。有机化合物通过分子间作用力（范德华力、偶极-偶极相互作用和静电力）与固相基质（如硅胶球或聚合物球）结合。结合的有机层与样品溶液中的有机分析物相互作用，并在样品通过固相萃取剂时将其从样品溶液中萃取出来。多余的溶液被允许排掉，干扰化合物用不会去除目标分析物的溶液从萃取剂上洗掉。然后，用合适的有机溶剂将萃取的有机分析物从固相萃取剂中洗脱出来。SPE 广泛用于液相色谱（LC）、高效液相色谱（HPLC）和液相色谱-质谱联用（LC-MS）分析前的净化和浓缩。

能够与有机化合物结合的固相萃取剂种类繁多，可以是疏水的非极性分子，如 C_8 和 C_{18} 烃链；也可以是具有高极性官能团的链，如氰基、氨基和羟基；或者是带有可离子化基团的链，如磺酸根和羧酸。

（3）QuEChERS

水果、蔬菜和加工食品（如谷物）中的农药残留分析，需要在 HPLC 和 MS 分析之前对样品进行复杂的提取和净化。2003 年，美国农业部的科学家（Anastades 等人）开发了一种简化的食品样品分析方法，称为 QuEChERS（读作“ketchers”或“catchers”），意为快速、简单、便宜、有效、耐用和安全。现在，QuEChERS 已被应用于食品样品、膳食补充剂和其他基质中的农药、兽药化合物的分析，并被认可为一种样品制备方法。QuEChERS 方法采用简单的两步法，即提取后进行分散固相萃取。首先，将样品制成匀浆并称量到 50 mL 离心管中，加入适当的有机溶剂和盐。这些盐可能包括用于干燥和缓冲样品的硫酸镁和醋酸钠。样品经过振荡和离心后，上清液进一步通过分散 SPE 进行提取和净化。在分散 SPE 中，SPE 吸附剂（一种或多种）与少量的 $MgSO_4$ 一起放在离心管中。从第一步中取一定量的上清液加入，振荡和离心后，吸附剂去除样品中的干扰基质。吸附剂包括用于去除糖、脂肪酸、有机酸和一些色素的伯、仲胺（PSA）交换材料；用于去除脂质和非极性干扰物的 C_{18}（一种常见的十八烷基的疏水 LC 材料）；用于去除色素和甾醇的石墨化碳黑（GBC）。

（4）固相微萃取

固相微萃取（SPME，读作“spee-mee”）起初是一种为气相色谱分析开发的采样技术。在这种情况下，固相是一种具有涂层的纤维（fiber），所用的涂层可以是液体聚合物，如聚二甲基硅氧烷（PDMS）；也可以是固体吸附剂或固体和液体聚合物的组合吸附剂。气相色谱分析时，样品无须使用溶剂提取，只须将具有涂层的纤维暴露于密闭样品瓶中的液体或气体样品，或样品上方的蒸气中一段时间，分析物被纤维上的固体涂层或液体涂层吸收，然后通过插入气相色谱仪的加热进样口进行热脱附。与溶剂萃取不同，SPME 不是将全部分析物萃取出来。涂层纤维的萃取量与样品中分析物的浓度成正比，使得 SPME 采样和脱附可用于定性和定量分析。

SPME 采样用于各种分析物，包括环境污染物、植物样品的挥发物、爆炸物和化学试剂残留物。火灾残骸上方是否有汽油和其他火灾加速剂的成分，可以使用 SPME 采样，检测量可低至 0.01 μL，以确定火灾是否可能是纵火引起的。气体样品包括室内空气和呼气，可使用 SPME 采样。液体样品包括水、葡萄酒、果汁、血液、牛奶、咖啡、尿液和唾液，可使用纤维浸入样品或顶空蒸气采样的 SPME 采样。固体样品包括奶酪、植物、水果、聚合物、药品和生物组织，可通过固体蒸气的顶空采样。

虽然 SPME 最初是作为气相色谱（GC）分析的无溶剂提取系统，但现在也可以用于将样品引入 HPLC 装置。SPME-HPLC 接口允许使用 SPME 纤维采集非挥发性分析物，例如水中的非离子型表面活性剂，并将分析物洗脱到用于 HPLC 分析的流动相溶剂中。

综上所述，样品处理主要是达到以下目的：

① 样品的均质化（混合、研磨、消化、溶解）。对于许多测量程序，样品必须是液体（例外：气体分析）。少数分析测量方法可以定量检测固体中的分析物（固体核磁共振、KBr 压片的红外光谱、表面分析）。

② 消化（无机分离程序，微波消解）。

③ 去除干扰（过滤、提取、蒸馏、色谱等）。许多现代物理测量技术，特别是在痕量范围内，对测量过程中损害传感器或产生与分析物（非特异性传感器）类似信号的干扰物质很敏感。干扰的分离对于痕量分析尤为重要，在痕量分析中，除了基质中数百种少量的分析物外，还可能存在数百种干扰物质。随着分析物含量的减少，这些干扰物质的浓度呈指数级增加。

④ 将样品内容物带入方法的工作范围（浓缩或稀释）。

然而，样品处理过程中可能出现的困难包括：

① 分析物损失。样品中的分析物含量低于被调查样品，这种差异应该保持微小或可量化（因此是可纠正的）。

② 添加不纯的试剂、溶剂等和/或使用受污染的设备（“记忆效应”）会导致样品中出现额外的分析物。这两个问题都会导致产生系统误差，一旦发现，可以在测量结果中相应地进行纠正。

第2章

光谱分析实验

2.1 紫外-可见吸收光谱分析实验

2.1.1 概述

紫外-可见（UV-Vis）分光光度法（紫外-可见吸收光谱法）是一种常用的仪器分析技术，它是利用某些物质的分子吸收光谱区为紫外光和可见光的辐射来进行分析测定的方法。无论在物理学、化学、生物学、医学、材料学、环境科学等科学研究领域，还是在化工、医药、环境检测、冶金等现代生产与管理部门，紫外可见分光光度法都有广泛而重要的应用，可以用于质量控制、反应监测、污染检测、催化剂研究和荧光物质检测等方面，为生产和研究提供了重要的分析手段。紫外可见分光光度计是一类很重要的分析仪器，杜包斯克（Duboscq）和奈斯勒（Nessler）等人在1854年将朗伯-比尔（Lambert-Beer）定律应用于定量分析化学领域，并且设计了第一台比色计。到1918年，美国国家标准局制成了第一台紫外-可见分光光度计。此后，紫外-可见分光光度计经不断改进，又出现自动记录、自动打印、数字显示、微机控制等各种类型的仪器，使光度法的灵敏度和准确度也不断提高，其应用范围也不断扩大。

2.1.1.1 紫外-可见吸收光谱

紫外-可见分光光度法是在190～800 nm波长范围内测定物质的吸光度，用于鉴别、杂质检查和定量测定的方法，紫外-可见分光光度计为常用检测仪器。紫外-可见吸收光谱是一种分子吸收光谱，若电磁辐射的能量 $h\nu$ 恰好等于分子内两个电子能级之差，则电子将从较低的电子能级跃迁到较高的电子能级。由于各种物质分子内部结构的不同，分子的能级千差万别，各种能级之间的差值也互不相同，这就决定了分子对不同波长电磁辐射的选择性吸收。通过测定被测物质在特定波长处或一定波长范围内的吸光度，就可以对该物质进行定性和定量分析。分子的电子能级跃迁还常常伴随有分子振动能级的跃迁和分子转动能级的跃迁，每一个电子能级上都叠加几个振动能级，而每一个振动能级上又可能叠加无数的转动能级。与分子吸收光谱相关的能量通常由三种量子化的能量组成：①分子内价电子的电子能级能量，其能级差最大，一般在 1～20 eV；②分子振动能级的能量，其能级差一般在 0.05～1 eV；③分子转动能级的能量，其能级差最小，一般小于 0.05 eV。因此，分子吸收光谱由一系列相隔很小的谱线组成，光谱呈现为吸收带，称为带状光谱，而非原子光谱中分立的线状光谱，只有使用分辨率和检测时间精度足够高的光谱仪才能将振转能级跃迁相关的谱线检测出来。

朗伯-比尔（Lambert-Beer）定律是光吸收的基本定律，也是分光光度法的依据和基础。朗伯-比尔定律的原理是，单色光辐射穿过被测物质溶液时，在一定的浓度范围内，被该物质吸收的量与该物质的浓度和液层的厚度（光路长度）成正比，其数学表达式可以表述如下：

$$A=\lg \frac{1}{T}=\varepsilon cl$$

式中，A 为吸光度；T 为透光率；ε 为摩尔吸光系数，其物理意义为溶液浓度 c 为 1 mol/L 和液层厚度为 1 cm 时的吸光度比值；c 为物质的浓度，mol/L；l 为液层厚度，cm。

物质对光的选择性吸收波长，以及相应的摩尔吸光系数是该物质的物理常数。当光穿过被测物质溶液时，物质对光的吸收程度随光的波长不同而变化。因此，通过测定物质在不同波长处的吸光度，并以波长为横坐标、以吸光度为纵坐标作图，得到的关系图称为被测物质的吸收光谱或吸收曲线。从吸收光谱中，可以确定最大吸收波长 λ_{max} 和最小吸收波长 λ_{min}。物质的吸收光谱具有与其结构相关的特征性。因此，可以通过特定波长范围内样品的光谱与对照光谱或对照品光谱的比较，或通过确定最大吸收波长，或通过测量两个特定波长处的吸收比值来鉴别物质。在可见光区，除某些物质对光有吸收外，很多物质本身并没有吸收，但可在一定条件下加入显色试剂或经过处理使其显色后再测定，故又称之为比色分析。

紫外-可见吸收光谱法灵敏度高、准确度好、操作简单，是一种十分有效的检测分析手段。大量研究表明，紫外-可见吸收光谱法可以应用于对全部金属元素和大部分非金属元素的定性或定量测定。尤其在对有机化合物的定量测定方面，紫外光谱仪器相比其他仪器（如高效液相色谱）具有价格便宜、操作简便、分析快速等特点，因而具有更加广泛的开发应用前景。

2.1.1.2 紫外-可见漫反射光谱

紫外-可见吸收光谱在使用过程中受到一定的限制，这就局限了紫外-可见吸收光谱法的实际测量范围。根据朗伯-比尔定律，所测样品必须是溶液浓度小于 0.01 mol/L 的均匀稀溶液。在高浓度时，由于吸光质点间的平均距离缩小，邻近质点彼此的电荷分布会产生相互影响，改变了它们对特定辐射的吸收能力，即吸光系数发生改变，从而发生对朗伯-比尔定律的偏离。当测定溶液为胶体、乳浊液和悬浊液时，入射光通过测定溶液后，有一部分光会因散射而损失，使得吸光度增大，对朗伯-比尔定律产生正偏差。另外，紫外-可见吸收光谱只能测量溶液样品，对固体、粉末等样品却无能为力。

紫外-可见漫反射光谱是一种不同于一般吸收光谱的，在紫外、可见和近红外区的光谱，是一种与物质的电子结构有关的反射光谱。紫外-可见漫反射光谱与紫外-可见吸收光谱相比，所测样品的局限性要小很多。吸收光谱符合朗伯-比尔定律，溶液必须是稀溶液才能测量；而漫反射光谱，所测样品可以是浑浊溶液、悬浊溶液、固体和固体粉末等。光的反射一般可以分为镜面反射（符合入射角等于反射角的条件）与漫反射（图2-1）。镜面反射只发生在表面颗粒的表层，因为镜面反射光没有进入样品和颗粒的内部，未与样品内部发生作用，因此它没有负载样品的结构和组成的信息，不能用于样品的定性和定量分析。而漫反射光是指分析光进入样品内部后，经过多次反射、折射、衍射、吸收后返回表面的光。漫反射光是分析光与样品内部分子发生了相互作用后的光，因此负载了样品结构和组成信息。

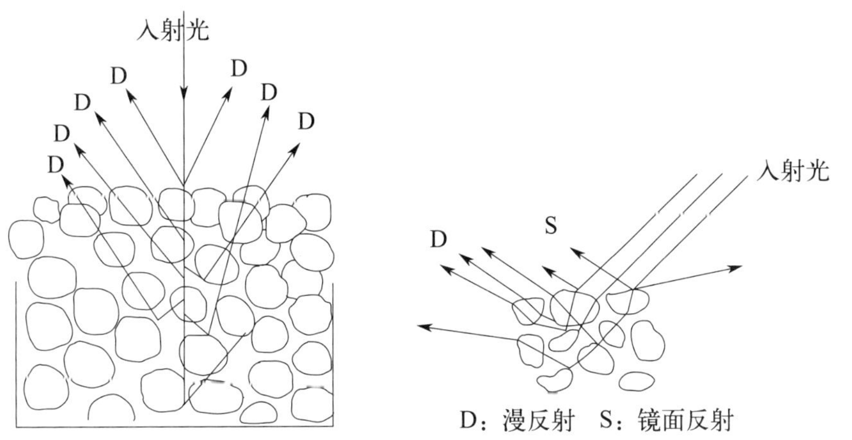

图 2-1　漫反射和镜面反射

漫反射光谱所测样品产生的漫反射符合库贝尔卡-蒙克（Kubelka-Munk）方程式：

$$\frac{(1-R_{\infty})^2}{2R_{\infty}}=K/S$$

式中，K 为吸收系数；S 为散射系数；R_{∞} 表示无限厚样品的反射系数 R 的极限值，其数值为一个常数。

实际上，由于要测定绝对反射率是相当困难的，一般不测定样品的绝对反射率，而是以白色标准物质为参比（本实验采用 $BaSO_4$，其反射系数在紫外-可见区高达 98%左右），比较测量得到的相对反射率 R_{∞}（样品）/R_{∞}（参比），将此比值对波长作图，构成一定波长范围内该物质的漫反射光谱。

2.1.1.3 紫外-可见分光光度计

(1) 主要组成部件

紫外-可见分光光度计，通常也叫紫外-可见光谱仪。紫外-可见分光光度计（UV-Vis spectrophotometer）的主要结构包括光源（light source）、准直器（collimator）、单色器（monochromator）、波长选择器（wavelength selector）、样品溶液（sample solution）、检测器（detector）和数字显示器（digital display），如图 2-2 所示。

不同光谱仪的组成复杂程度不同，但它们的基本原理结构是相似的：光源产生光，准直器（透镜）将光聚集透过单色器（棱镜或光栅），分成几个分量的波长（光谱），然后通过波长选择器（狭缝），传输所需要的波长。特定波长 I_0 的光透过样品后，会被吸收一部分，变成 I_t。光度计则检测 I_t 光子量，通过计算，将信号发送到数字显示器。

① 光源（紫外区为氢灯和氘灯；可见区到中红外区为钨灯和卤钨灯）：仪器测试中，存在光源转换的过程，从可见区到紫外区，光源可以自动进行切换。

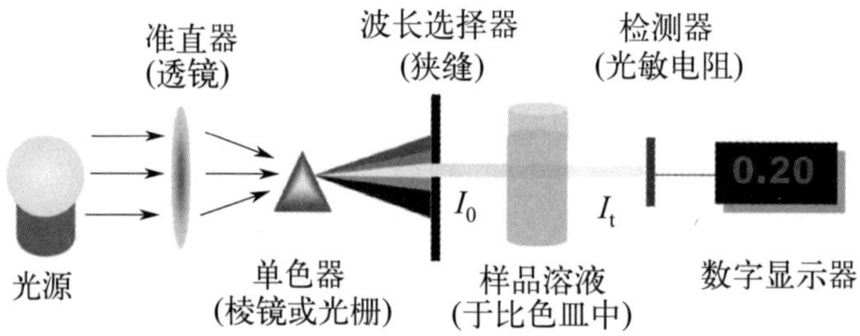

图 2-2 紫外-可见分光光度计基本结构

② 单色器：将光源发射的复合光分解成单色光的光学系统。整个构造包含了入射狭缝、准光装置、色散元件（光栅）、聚焦装置、出射狭缝等。

③ 样品室：包含了液体和固体样品支架、吸收池（比色皿）、积分球、粉末样品槽。不同仪器的支架和样品槽会略有差异。

④ 检测器：利用光电效应将吸收池的光信号变成可测的电信号，大多数仪器是双检测器（PMT＋PbS），有的采用了三检测器（PMT＋InGaAs＋PbS）。根据测试模式不同，也可以区分为标准检测器和积分球检测器。一般标准检测器的测试范围比积分球检测器大。仪器测试中，也存在检测器转换的过程，从近红外区到可见区，检测器可以自动进行切换。

(2) 紫外-可见分光光度计的种类

紫外-可见分光光度计的种类主要有单光束分光光度计、双光束分光光度计、多通道分光光度计和光导纤维（光纤）探头式分光光度计。

单光束分光光度计需要将参比溶液和样品溶液轮流置于光路中，分别获得 I_0 和 I_t，以进行吸光度的测定。双光束分光光度计则是利用分束器将单色光分解为强度相等的两束光，分别通过参比溶液和样品溶液，获得吸光度。在多通道分光光度计中，光源的复合光先通过样品池后再经全息光栅色散，色散后的单色光由光电二极管阵列接收，可以同时检测 190～900 nm 波长范围，能在极短时间（≤1 s）内给出整个光谱。光导纤维探头式分光光度计的探头由两根相互隔离的光导纤维组成，一根光纤传导光至试样溶液，经反射镜反射后的光再由另一根光纤传导，通过干涉滤光片后由光电二极管接收转变为电信号。

（3）积分球检测器

积分球检测器是漫反射测量中的常用附件之一（图 2-3），是一个中空的带窗口的球壳，内壁涂覆白色漫反射层，一般为 $BaSO_4$ 或光学聚四氟乙烯涂层，其内表面的漫反射物质反射系数高达 98%，使得光在积分球内部的损失接近零。漫反射光是指从光源发出的光进入样品内部，经过多次反射、折射、散射及吸收后返回样品表面的光。这些光在积分球内经过多次漫反射后到达检测器。积分球检测器的作用就是可以将所有的漫反射光收集，聚焦以后到达检测器，通过样品与参比的信号差异，转化为样品的紫外-可见漫反射光谱或吸收光谱。

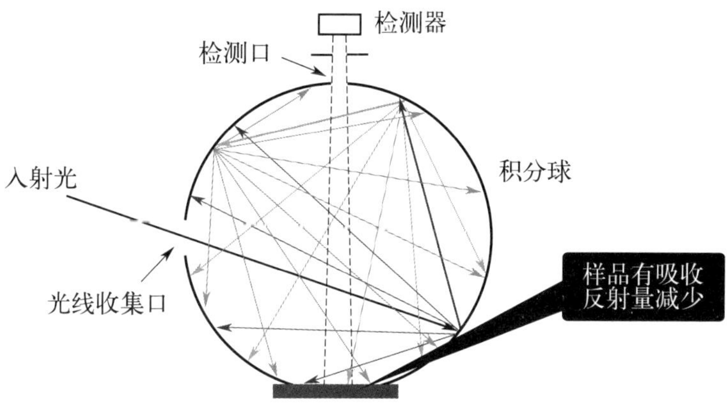

图 2-3　积分球检测器示意图

2.1.2　岛津 UV2600 紫外-可见分光光度计的操作规程

（1）开机

① 在使用前先确认仪器和计算机的工作电源已连接好，检查仪器样品室内应无遮挡光路的物品，样品室盖关闭。

② 确认后先开启计算机，然后开启仪器电源（仪器右下侧的 power 键，开关按到“I”侧表示打开），等待仪器自检（自检时不开盖），大约 5 min 后，听到嘟嘟嘟声表示自检完毕，自检过程中分光光度计外侧的指示灯状态为红灯闪烁到绿灯闪烁，最终显示为绿灯不闪烁。

（2）连接软件

① 双击电脑上的 UVProbe 图标，打开 UVProbe 软件，出现图 2-4 界面。

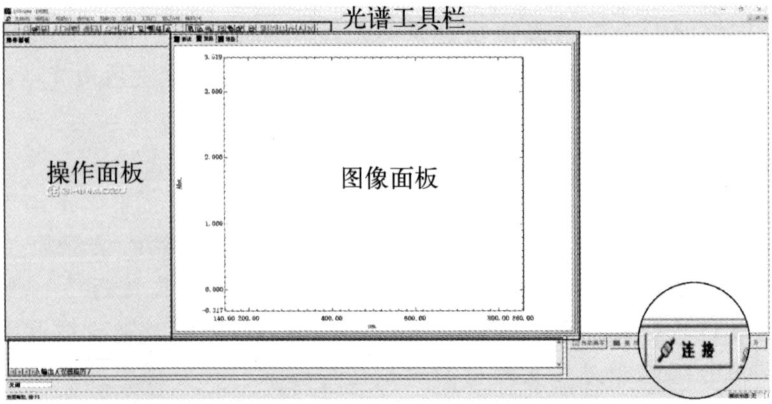

图 2-4　UVProbe 软件主界面

② 点击主界面中的“连接”（图 2-4），出现如图 2-5 所示的初始化界面。

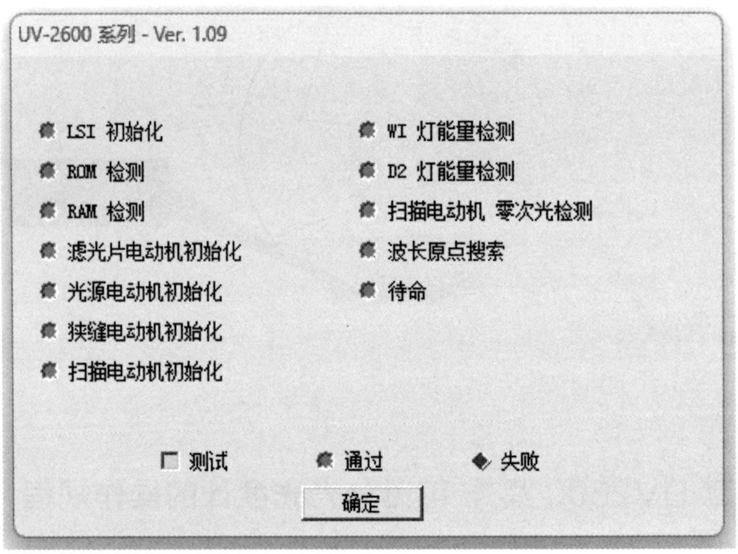

图 2-5　UVProbe 软件初始化界面

③ 初始化大约需要 5 min，仪器自动进行一系列的检查和初置，如一切顺利通过（图上的通过栏为绿色），点击“确定”。

④ 如果检测出现异常，则图 2-5 界面出现红色显示并停止初始化。确认“失败”项目后关闭（off）电源，再次确认样品室无遮挡光路的物品，样品室盖关闭后，重新打开电源（on）。

⑤ 进入通信状态的测试模式，此时“连接”变为“断开”，在“仪器状态”栏显示

当前波长和光度值。

（3）测定方式的选择

选择测定的方式，在主菜单上能发现右图所示的各键，自左至右分别为：

① 报告生成器：用于制作各种格式的报告。

② 动力学测定方式：测定固定波长光度值的时间变化过程（时间过程扫描测定）。也可计算酶的活性值等。

③ 光度测定（定量）方式：测定（光度测定）一点或多点波长的光度值。还具备使用各种工作曲线法（多点工作曲线、单点工作曲线、*K* 系数法）的定量功能。

④ 光谱测定（定性）方式：扫描指定范围内的波长，记录各采样间隔的吸收值。

下面主要介绍一下光谱测定方式。

（4）光谱测定方式的参数设定

① 建立数据采集方法，点击“窗口”，选择“3 光谱”，或点击工具栏中的光谱图标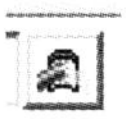，打开光谱模块。选择“编辑”、“方法”，或者点击工具栏中的方法图标，显示方法对话框，如图 2-6 所示。

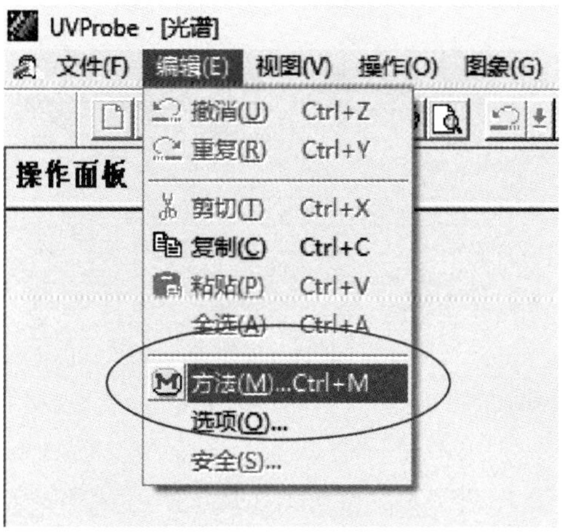

图 2-6 建立数据采集方法

② 在方法设置界面中，设置扫描波长范围（在“开始”和“结束”框中分别输入相应的波长如 800 和 200）、扫描速度（一般选择为中速）、采样间隔（一般为 1.0）、扫描方式（为单个），如图 2-7 所示。

③ 点击“仪器参数”选项卡，选择测定方式为“吸收值”，选择狭缝宽以及检测器单元类型，单击“确定”，如图 2-8 所示。

④ 保存测定方法。单击文件菜单的“另存为”，显示光谱文件窗口，输入文件名，选择方法文件，单击“保存”，如图 2-9 所示。

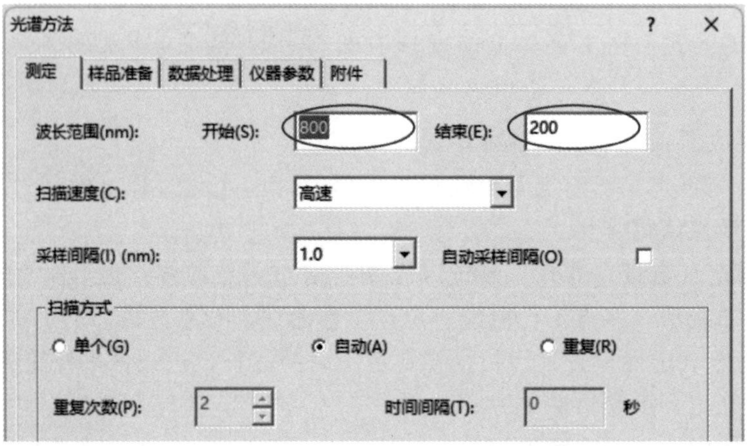

图 2-7　设置扫描波长范围

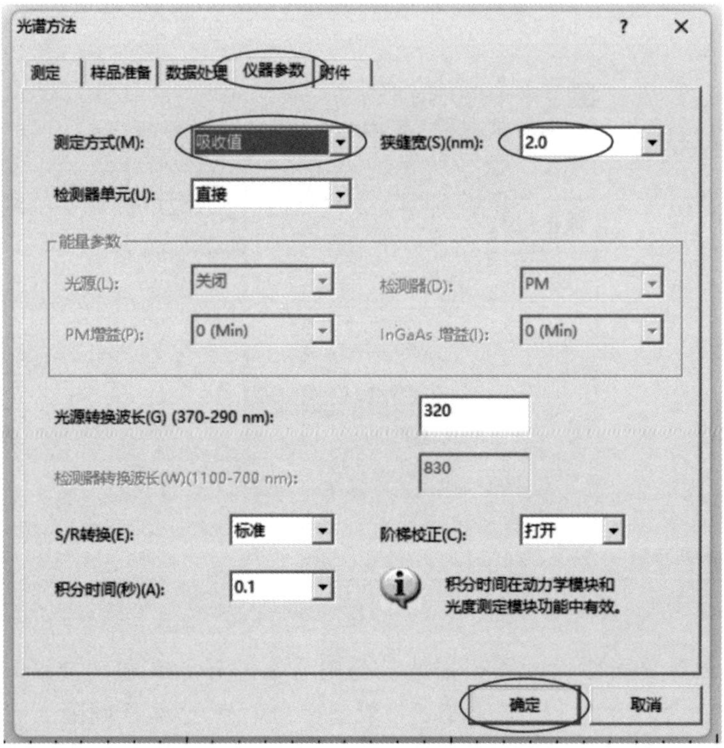

图 2-8　设置仪器参数

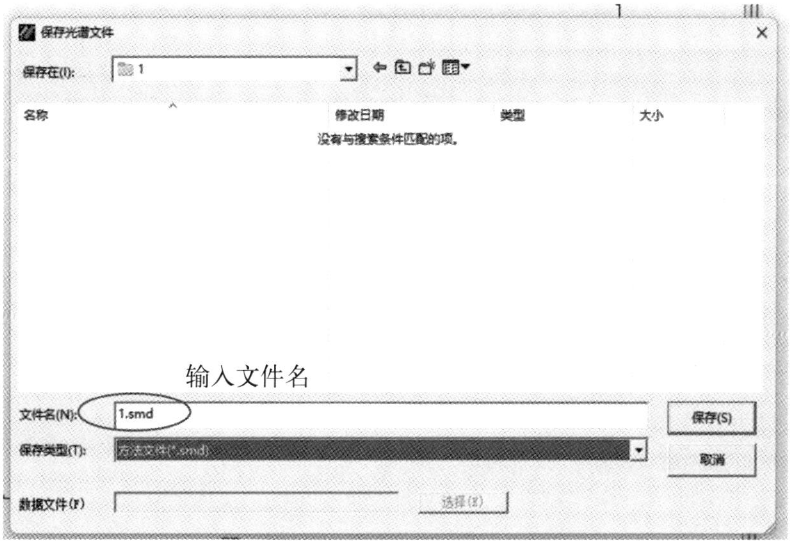

图 2-9　保存测定方法

（5）样品测定

① 基线校正：将两个空白样品放入样品仓，点击光度计状态栏中的“基线”来进行基线的初始化操作，在校正前要确定样品仓中没有任何样品，然后当基线参数对话框弹出时，在开始波长和结束波长中分别输入波长值。点击“确定”进行基线校正，如图 2-10 所示。

图 2-10　基线校正

② 样品测量：将制备好的样品放入样品仓指定的位置，再关闭样品室盖。点击“开始”开始测量样品，然后点击“确定”，如图 2-11 所示。

图 2-11　样品测量

③ 测量结束后显示“新数据集”窗口，输入文件名，并根据需要输入数据储元，

然后单击“确定”。

（6）数据处理

① 点击“操作”，选择峰值检测或数据打印等项目。点击“峰值检测”图标，显示峰值数据。点击“数据打印”图标，显示各波长吸光度，如图 2-12 所示。

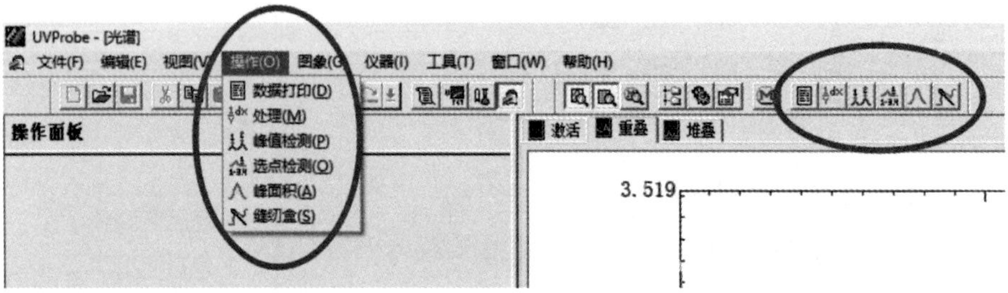

图 2-12　数据处理

② 点击“文件”，根据需要保存文件，如图 2-13 所示。

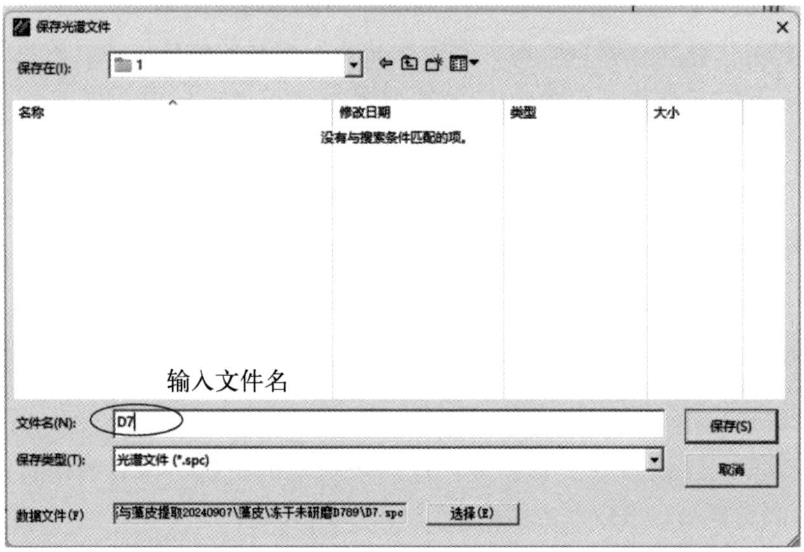

图 2-13　保存文件

（7）关机

如图 2-14 所示，单击“断开”，断开连接，关闭 UVProbe 软件。关闭仪器电源，关闭计算机。

图 2-14 断开仪器连接

2.1.3 实验部分

实验 1
紫外-可见吸收光谱法测定硫酸钴溶液的吸收光谱

一、实验目的

1. 学习紫外-可见分光光度计的基本原理及基本操作。
2. 了解利用紫外-可见吸收光谱法定性鉴定溶液成分的方法。
3. 熟悉紫外-可见分光光度计的结构、特点，掌握其使用方法。

二、基本原理

硫酸钴是一种无机物，化学式为 $CoSO_4 \cdot 7H_2O$，玫瑰红色结晶。它用于电镀和电化学工业，可作为平版油墨、清漆、油漆的脱水剂，以及陶瓷、搪瓷、釉料和瓷器的染色剂。它也可被用作动物饲料中的矿物质补充剂或者预防和治疗反刍动物钴缺乏症的兽药。此外，它还能被添加到啤酒中以提升泡沫的稳定性。

三、仪器与试剂

1. 仪器

岛津 UV2600 紫外-可见分光光度计。

2. 试剂

$CoSO_4 \cdot 7H_2O$。

四、实验操作

1. 样品前处理

溶液样品的制备：称量大约 10 mg 的 $CoSO_4 \cdot 7H_2O$ 样品，溶解于 5 mL 去离子水中，制备适量 $CoSO_4$ 稀溶液。

2. 在开机状态下设置仪器与实验条件参数

波长范围 300～700 nm；

扫描速度为中速；
采样间隔为 0.5 nm；
扫描方式为单个；
测定方式为吸收值；
检测器单元选择直接；
狭缝宽选择 1.0 nm。
改动完成后，点击保存按钮，经修改后的方法被保存，后续测试可直接调用。

3. 结果处理和数据分析

① 简单分析硫酸钴溶液的吸收光谱。

② 结果与讨论。

五、注意事项

1. 测试前要开机自检，并预热 20 min。
2. 放置比色皿要拿毛玻璃面，以免影响透光面的透光性。
3. 比色皿要用去离子水和待测溶液润洗，溶液装至比色皿的 1/2～2/3。
4. 装好后用擦镜纸吸干比色皿表面的液体，将比色皿放入样品槽中，注意比色皿透光面要对住样品槽有孔的一边。
5. 扫描过程中切忌打开或试图打开仓门。
6. 在换样品时，切记随时关闭仓门，不能让仓门大敞。
7. 样品测量结束后，及时取出样品仓内的样品，保持样品仓内的清洁。
8. 实验结束后，及时关闭仪器，减少仪器光源的使用。
9. 一定要先关闭软件，再关闭主机电源。

六、思考题

1. 为什么紫外-可见吸收光谱不是分立的线状光谱，而是带状光谱？
2. 紫外-可见吸收光谱的电子跃迁类型有哪些？
3. 镀液中硫酸钴的添加有利于提高薄膜等材料的结合强度和性能，鉴于硫酸钴对环境和人体的毒害性，需要对电镀废液中的硫酸钴含量进行测定。请从“建设美丽中国”的角度，简述应用紫外-可见吸收光谱法测定海水中常量无机盐含量的新方法。

实验 2
紫外-可见吸收光谱法测定硫酸钴固体的漫反射光谱

一、实验目的

1. 学习紫外-可见分光光度计的基本原理及基本操作。

2. 了解利用紫外-可见吸收光谱法定性鉴定固体物质的方法。

3. 熟悉紫外-可见分光光度计的结构、特点，掌握积分球检测器的使用方法。

二、基本原理

硫酸钴是一种无机物，化学式为 $CoSO_4 \cdot 7H_2O$，玫瑰红色结晶。它用于电镀和电化学工业，可作为平版油墨、清漆、油漆的脱水剂，以及陶瓷、搪瓷、釉料和瓷器的染色剂。它也可被用作动物饲料中的矿物质补充剂或者预防和治疗反刍动物钴缺乏症的兽药。此外，它还能被添加到啤酒中以提升泡沫的稳定性。

三、仪器与试剂

1. 仪器

岛津 UV2600 紫外-可见分光光度计、积分球检测器。

2. 试剂

$CoSO_4 \cdot 7H_2O$、$BaSO_4$。

四、实验操作

1. 样品前处理

固体样品的制备：往样品槽中加入适量的 $BaSO_4$ 粉末，然后用玻璃柱将粉末压实，使得 $BaSO_4$ 粉末压成一个平面并完整地填充整个样品槽（$BaSO_4$ 粉末低于或者超出样品槽边缘都是不标准的）。测试背景基线后，在白板的基底上加入微量 $CoSO_4 \cdot 7H_2O$ 样品，再次用玻璃柱将样品压平，得到样品板。

2. 在开机状态下设置仪器与实验条件参数

波长范围 300～700 nm；

扫描速度为中速；

采样间隔为 0.5 nm；

扫描方式为单个；

测定方式为吸收值；

检测器单元选择外置（双检测器）；

狭缝宽选择 5.0 nm。

改动完成后，点击保存按钮，经修改后的方法被保存，后续测试可直接调用。

3. 结果处理和数据分析

① 简单分析硫酸钴固体的漫反射光谱。

② 结果与讨论。

五、注意事项

1. 更换积分球时，一定要先关闭主机电源。

2. 使用积分球时，一定要将固体粉末压实，防止粉末进入积分球内部。

六、思考题

1. 为什么漫反射光谱与吸收光谱的强度和特征峰位置不完全一致？

2. 试分析硫酸钴的特征吸收是由哪种电子跃迁引起的？

3. 无机物料固体废物作为“洋垃圾”之一，开展固体废物属性鉴别方法的研究，对于有效遏制各种无机固体废物涌入我国，保护我国生态环境安全和人体健康具有重要意义。请从“禁止洋垃圾入境推进固体废物进口管理制度改革”的角度，简述利用漫反射光谱检测无机固体废物方法的重要性和科学性。

2.2 荧光光谱分析实验

2.2.1 概述

2.2.1.1 荧光光谱

当光照射某些物质时，这些物质会发射出不同颜色和强度的可见光。当光照射停止时，发射的光迅速消失，这种现象称为荧光（fluorescence）。通常情况下，入射光的波长较发射光的波长短。

物质在吸收光子时，光子能量传递给物质分子，促进电子从较低能级跃迁到较高能级，形成电子激发态分子。这一跃迁过程大约持续 10^{-15} s。激发态电子的多重态用 $2S+1$ 表示，S 为自旋角动量量子数的代数和，数值为 0 或 1。在分子轨道中，两个电子必须自旋相反，即自旋配对。当所有电子都自旋配对（$S=0$）时，该分子处于单重态（或单线态，singlet states），用符号 S 表示。若电子跃迁过程中自旋方向不变，分子处于激发的单重态；若自旋方向发生改变，分子具有两个自旋不配对的电子，即 $S=1$，则处于激发三重态（triplet states），用符号 T 表示。符号 S_0、S_1 和 S_2 分别表示分子的基态、第一和第二电子激发单重态，T_1 和 T_2 则分别表示第一和第二电子激发三重态（图 2-15）。

激发态的分子不稳定，可以通过辐射跃迁（荧光、磷光）和非辐射跃迁［振动弛豫（vibrational relaxation，VR）、内转换（internal conversion，IC）、系间窜越（intersystem crossing，ISC）］的失活（或叫衰变）过程返回基态。荧光是分子从第一激发单重态的最低振动能级跃迁到基态各振动能级时所产生的光子辐射，荧光辐射能比激发能量低，荧光波长大于激发波长。荧光发射时间为 $10^{-10}\sim10^{-7}$ s，多为 $S_1 \rightarrow S_0$ 跃迁。磷光是分子从第一激发三重态的最低振动能级跃迁到基态各振动能级时所产生的光子辐射，磷光辐射能比荧光辐射能低，磷光波长大于荧光波长。磷光发射时间为 $10^{-6}\sim10$ s，多为 $T_1 \rightarrow S_0$ 跃迁。

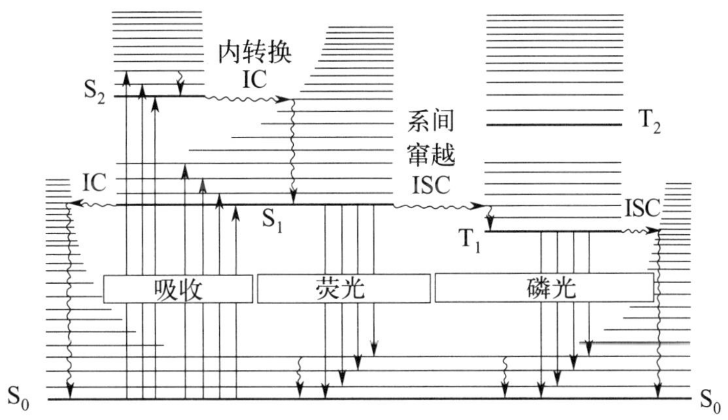

图 2-15 分子的激发与衰变过程（Jablonski 能级图）

任何荧光化合物都具有两个特征光谱：激发光谱和发射光谱。

（1）激发光谱（excitation spectrum）

如果固定荧光的发射波长（即测定波长）而不断改变激发光（即入射光）的波长，并记录相应的荧光强度，所得到的荧光强度对激发光波长的谱图为激发光谱。横坐标为激发光波长，纵坐标为发光相对强度。

（2）发射光谱（emission spectrum）

如果使激发光（即入射光）的波长和强度保持不变，而不断改变荧光的测定波长（即发射波长）并记录相应的荧光强度，所得到的荧光强度对发射波长的谱图为荧光的发射光谱。通常实验测量的是发光的相对能量。发射光谱中，横坐标为发射波长（或频率），纵坐标为发光相对强度。

激发光谱和发射光谱可以用于鉴别荧光物质，并可作为进行荧光测定时选择合适的激发光波长和测定波长的依据。荧光光谱能够提供激发光谱、发射光谱、峰位、峰强度、量子产率、荧光寿命、荧光偏振度等信息，成为荧光分析定性和定量的基础。

2.2.1.2 荧光分析

荧光分析就是基于物质的光致发光现象而产生的荧光的特性及其强度进行物质的定性和定量的分析方法。目前，也广泛地作为一种表征技术来研究体系的物理、化学性质及其变化情况，例如生物大分子构象及性质的研究。

荧光光谱适用于固体粉末、晶体、薄膜、液体等样品的分析。根据样品分别选配石英池（液体样品）或固体样品架（粉末或片状样品）。

荧光光谱分析可与显微镜耦合，获得微区分析结果。荧光是无损伤、非接触的分析技术，还可用于自动检验、批量筛分、远程原位分析和活体分析。

荧光分析的优点有：①灵敏度高；②选择性强；③试样量少、方法简单；④提供较多的物理参数。但是也存在应用范围不够广泛、对环境敏感（干扰因素多）等缺点。

荧光光谱的定性分析依据：不同结构荧光化合物都有特征的激发光谱和发射光谱，因此可以将荧光物质的激发光谱与发射光谱的形状、峰位与标准溶液的光谱图进行比较，从而达到定性分析的目的。

荧光光谱的定量分析原理：在低浓度时，溶液的荧光强度与荧光物质的浓度成正比：$I_f=Kc$。式中，I_f 为荧光强度；c 为荧光物质浓度；K 为比例系数，$K=2.303Y_f I_{max}\varepsilon b$，$\varepsilon$ 为摩尔吸光系数，b 为光程距离。如果 $\varepsilon bc \geqslant 0.05$ 时，荧光强度和溶液的浓度不呈线性关系。这就是荧光光谱定量分析的依据。

上述关系不适用于荧光物质浓度过高时，荧光物质浓度过高，其荧光强度反而降低。原因有：

① 内滤效应。荧光物质的荧光发射光谱的短波长一端与该物质的吸收光谱的长波长一端有重叠。当溶液浓度过高时，溶液中杂质对入射光的吸收作用增大，相当于降低了激发光的强度。另外，浓度过高时，入射光被液池前部的荧光物质强烈吸收，处于液池中、后部的荧光物质，则因受到的入射光大大减弱而使荧光强度大大降低；而仪器的探测窗口通常对准液池中部，从而导致检测到的荧光强度大大降低。

② 相互作用。较高浓度溶液中，可发生溶质间的相互作用，产生荧光物质的激发态分子与其基态分子的二聚物（excimer）或其他溶质分子的复合物（exciplex），从而导致荧光光谱的改变和/或荧光强度下降。当浓度更大时，甚至会形成荧光物质的基态分子聚集体，导致荧光强度严重下降。

③ 自猝灭。荧光物质的发射光谱与其吸收光谱呈现重叠，便可能发生所发射的荧光被部分再吸收的现象，导致荧光强度下降。溶液浓度增大时会促使再吸收现象加剧。

当然，荧光强度的影响因素还有溶剂、温度、pH、散射光、高原子序数的原子、有序介质等，在定量分析中需要加以考虑。

荧光分光光度法（fluorescence spectrophotometry，FS）通常又叫荧光分析法，具有灵敏度高、选择性强、所需样品量少等特点，已成为一种重要的痕量分析技术。荧光（fluorescence）是分子吸收了较短波长的光（通常是紫外光和可见光），在很短的时间内发射出比照射光波长更长的光。由此可见，荧光是一种光致发光。激发光谱表示不同激发波长的辐射光照射到物质后引起其发射某一波长荧光的相对效率。绘制激发光谱时，将发射单色器固定在某一波长，通过激发单色器扫描，以不同波长的入射光激发荧光物质，记录荧光强度对激发波长的关系曲线，即为激发光谱，其形状与吸收光谱极为相似。荧光光谱表示在所发射的荧光中各波长光的相对强度。绘制荧光光谱时，使激发光的波长和强度保持不变，通过发射单色器扫描以检测各种波长下相应的荧光强度，记录荧光强度对发射波长的关系曲线，即为荧光光谱。

荧光强度（I_f）是表征荧光发射的相对强弱的物理量。荧光强度的测量值不仅和被测溶液中荧光物质的性质及其浓度有关，而且与激发光的波长和强度以及荧光检测器的灵敏度有关。例如对于某一荧光物质的稀溶液，在一定波长和一定强度的入射光照射下且溶液层的厚度不变时，所发生的荧光强度和该溶液浓度成正比（$I_f = Kc$），但随浓度进一步增大，荧光强度的增加速率会出现下降的现象。在最大激发波长下，发射光谱的强度也最高。加大激发光强度，可增大荧光强度，但过大荧光强度会引起光解。此外，提高检测器灵敏度可获得较高荧光强度的发射光谱。以上影响因素在样品准备和参数设置时需要注意。

荧光光谱仪的工作原理：从 150 W 氙灯光源发出的紫外和可见光经过激发单色器分光后，经分束器照到样品表面，样品受到该激发光照射后发出的荧光经发射单色器分光，再经荧光端光电倍增管倍增后由检测器接收。光源发出的紫外-可见光或者红外光经过激发单色器分光后，照到荧光池中的被测样品上，样品受到该激发光照射后发出的荧光经发射单色器分光，由光电倍增管转换成相应电信号，再经放大器放大反馈进入模数（A/D）转换单元，将模拟电信号转换成相应数字信号，并通过显示器或打印机显示和记录被测样品谱图（图 2-16）。

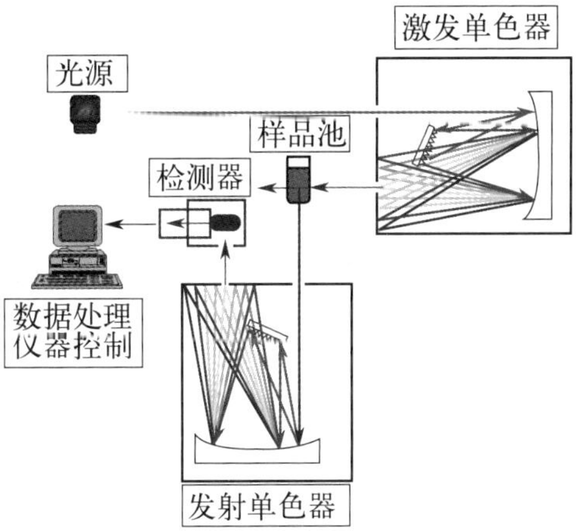

图 2-16　荧光光谱仪示意图

2.2.2　FS5 简介和操作规程

（1）开机

① 操作前，确认所需的样品支架，开机之前，先把支架安装好。

② 在 Setup 中，选择 Xe lamp。点击 On，不用点击 Apply，氙灯点亮。一般需要预热 20 min 左右。

(2) 信号调节

① 如图 2-17 所示，在 Source Light Path 中选择光源，Detector Light Path 中选择检测器，选完后，将 Excitation 和 Emission 的 Bandwidth（也就是狭缝）调到最小，一般为 0.01 nm 或者 0.02 nm，点击 Apply。

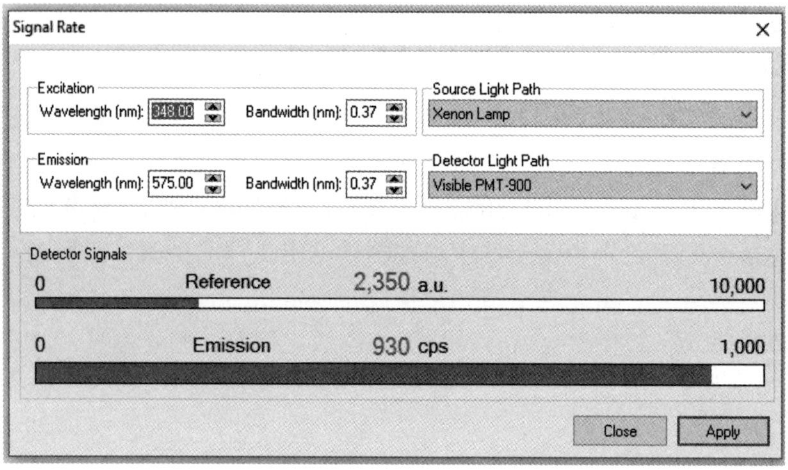

图 2-17 信号调节

② 将样品放置到样品室中。

③ 在如图 2-17 所示的对话框中输入对应的 Excitation 和 Emission 波长（建议 Excitation 345 nm，Emission 450 nm），调节 Excitation 和 Emission 狭缝（建议 Excitation 狭缝宽度小于 1.0 nm），将 Emission 的信号调到合适值。注意 Reference 为参比检测器的信号值，一般不能超过 400000；Emission 为吸收检测器的信号值，一般不能超过 200000 cps。

(3) 建立方法

① 关闭 Signal Rate，点击 λ，选择测试方法 Excitation Scan Setup。

② Excitation Scan Setup：显示如图 2-18 所示的对话框，在 Correction 中勾选“Excitation Correction”，扣除激发光源的波动；勾选“Emission Correction File”，扫描的图谱自动扣除校正文件；在“Scan from”中，设置波长起始；“step”中设置步径，一般设为 0.5 nm、1 nm，步径越大扫描越快；“Dwell Time”中设置积分时间，一般设为 0.1～0.5 s，积分时间越长峰值越高；“Number of Scans”中设置扫描次数，最终的谱图是多次扫描的叠加。

③ 设置完成后，点击“Start”，开始测试。

④ 发射光谱的设置与激发光谱相似，如图 2-19 所示。

(4) 注意事项

① 狭缝只能在 Signal Rate 中设置。

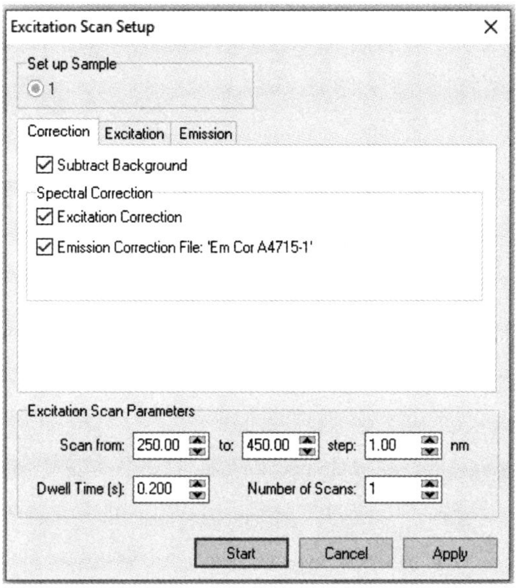

图 2-18　激发光谱参数设置

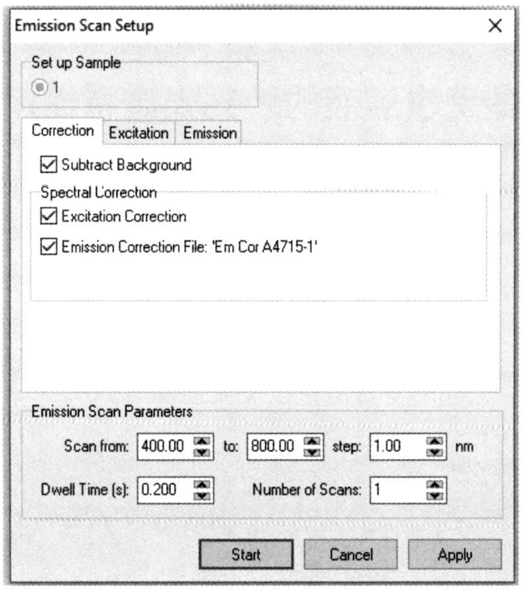

图 2-19　发射光谱参数设置

② Transmission Scan，测试吸收光谱需要测试空白溶液。测试完成后，样品和空白谱线合并，点击 Analysis 中的 Absorption 转换成吸光度 Abs。

(5) 激发光谱测定

① 光谱测试

点击屏幕右下角“Start”按钮，开始发射光谱测试。测试完成后，在 File 中点击“Save”保存文件，输入文件名后保存。

注意：这种保存的是扩展名为“.fs”的文件，只能用“Fluoracle”程序打开。若想将测试结果转换为数据，需进行数据转换以便使用其他软件作图和编辑。

② 自动寻峰

对于测试所得的发射光谱，程序能够进行自动寻峰。

步骤：点击功能菜单中的图标自动读取峰值，或点击图标手动读取最大激发或发射波长。

(6) 发射光谱测定：与激发光谱测定相似。

(7) 数据转换与保存

点击“File/Export to CSV”或“Export to AscⅡ”，选择保存文件夹后，点击“OK”，则数据转换过程完成，保存数据。

(8) 数据命名建议为“姓名+测试日期+样品名称+测试内容+测试参数+其他（学号等）”。

2.2.3 实验部分

实验

硫酸奎宁溶液的荧光光谱特性探究

一、实验目的

1. 学习和掌握荧光分光光度法的原理和实验技术。
2. 了解荧光光谱仪的构造和各组成部分的功能。
3. 掌握激发光谱、发射光谱的测试方法。
4. 探究溶液的 pH、卤化物对硫酸奎宁荧光强度的影响。

二、基本原理

奎宁（quinine）是一种生物碱，又名金鸡纳碱，是最早使用的一种镇痛抗疟药物，实际使用中多使用其盐类，如盐酸奎宁、硫酸奎宁（图 2-20）等。奎宁也是一种荧光试剂，在分析化学以及仪器分析中可用作荧光指示剂。奎宁分子由喹啉环（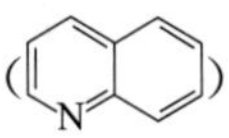）和喹核碱环（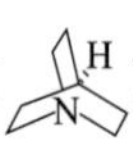）两部分组成，其中喹核碱环上的氮原子碱性较强，喹啉环上氮原子的碱性相对较弱，在奎宁分子中喹啉环与喹核碱环两部分的连接处有一个羟基

(—OH)，在碱性条件下可以给出质子，因此当奎宁溶液的酸碱度改变的时候，奎宁可以看成三元酸。奎宁溶液随 pH 变化存在解离平衡：$H_3L^{2+} \rightleftharpoons H_2L^+ + H^+ \rightleftharpoons HL + 2H^+ \rightleftharpoons L^- + 3H^+$。其中，$H_3L^{2+}$、$H_2L^+$ 具有荧光，HL 为弱荧光型体，L^- 基本无荧光。

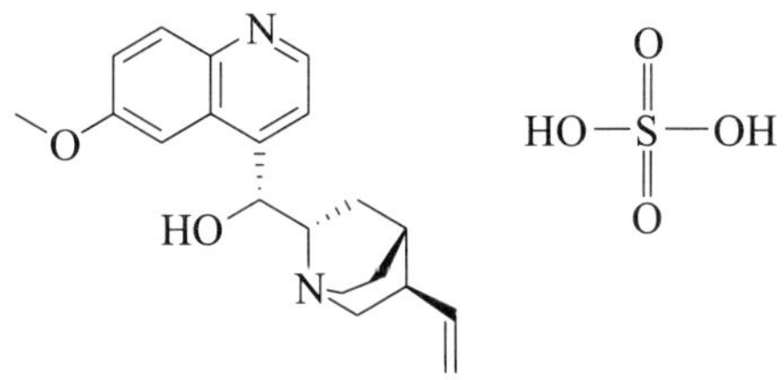

图 2-20　硫酸奎宁的分子结构示意图

奎宁在稀硫酸溶液中是强荧光物质，它有两个激发波长 250 nm 和 350 nm，荧光发射峰在 450 nm 附近，奎宁的荧光强度随着溶液酸度的改变发生明显改变。除了酸度对它有显著影响外，卤素原子等也对其荧光强度有明显的猝灭作用。因此，未知奎宁样品浓度测定时必须固定其他的实验条件。在低浓度时，测定已知不同浓度标准溶液的荧光强度就可绘制标准曲线，再根据未知试样溶液的荧光强度，在标准曲线上就可以得到试样中荧光物质的含量。

三、仪器与试剂

1. 仪器

荧光光谱仪（英国爱丁堡，FS5），pH 计（上海雷磁，PHS-31），石英比色皿（容量 4 mL），10 mL 容量瓶 6 只、50 mL 容量瓶 10 只，移液枪 1 支。

2. 试剂

硫酸奎宁（阿拉丁，99.0%生物试剂级）、溴化钠（沪试）、柠檬酸氢二钠缓冲溶液［广检（广州）检测科技有限公司］。

四、实验操作

1. 硫酸奎宁溶液荧光光谱的测定

（1）配制 10 μg/mL 不同 pH 的硫酸奎宁溶液

分别称取 10 mg 的硫酸奎宁于烧杯中，用不同 pH 的缓冲溶液溶解并定容至 10 mL。用移液枪移取 0.5 mL 的硫酸奎宁溶液于 50 mL 容量瓶中，分别用不同 pH 的缓冲溶液定容至 50 mL，得到 10 μg/mL 不同 pH 的硫酸奎宁溶液。

（2）硫酸奎宁溶液的激发光谱和发射光谱测定

用滴管移取 pH=2.0 的硫酸奎宁溶液 2～3 mL 至石英比色皿中，测定激发光谱和发射光谱。

（3）pH 与奎宁荧光强度的关系

绘制 6 个溶液荧光激发光谱和发射光谱，在选定的激发和发射波长处测定溶液的荧光强度。

2. 卤化物猝灭奎宁荧光实验

（1）配制 10 μg/mL 的 pH=2.0 的硫酸奎宁溶液

第一步：先用 pH=2.0 的缓冲溶液配成硫酸奎宁的浓溶液。称取 10 mg 硫酸奎宁二水合物，用 pH=2.0 的缓冲溶液溶解定容至 10 mL，得到 1 mg/mL 的 pH=2.0 的硫酸奎宁浓溶液。

第二步：取 1 只 50mL 容量瓶，取 0.5 mL pH=2.0 的 1 mg/mL 的硫酸奎宁浓溶液，用 pH=2 的缓冲溶液稀释定容至 50 mL，得到 pH=2.0、浓度为 10 μg/mL 的硫酸奎宁标准溶液。

（2）配制 0.05 mol/L 的溴化钠溶液

称取 0.2572 g 溴化钠，用 pH=2.0 的缓冲溶液溶解，转移至 50 mL 容量瓶中，继续用 pH=2.0 的缓冲溶液稀释至刻度，得到 0.05 mol/L、pH=2.0 的溴化钠溶液。

（3）不同含量卤化物影响的测定

取 pH=2.0、10 μg/mL 的硫酸奎宁溶液 4.00 mL 分别于 5 只 50 mL 容量瓶中，分别加入上述配制的 0.05 mol/L 溴化钠溶液 1 mL、2 mL、4 mL、8 mL、16 mL，用 pH=2.0 的缓冲溶液稀释至刻度，摇匀。测量它们的荧光强度。

（4）注意事项

① 溶液配制过程中需规范操作各种称量、容量、pH 计等仪器；

② 比色皿放入样品室前，必须用擦镜纸顺着同一方向将表面擦拭干净；

③ 拿取荧光比色皿时应用两根手指捏住棱柱部位，不能接触透光面；

④ 比色皿应清洗干净，方便使用。

五、数据处理

打开 Origin 软件，点击工具菜单中的“导入 AscⅡ码文件”，点击“打开”，则数据被导入；点击屏幕下方的“曲线”工具，即可完成作图。输入横、纵坐标名称和单位，调节字体大小。数据处理完成后，可直接复制到 Word 文件中。以荧光强度为纵坐标，波长为横坐标，分别绘制激发光谱和发射光谱。

激发光谱和发射光谱图如图 2-21 所示，奎宁的发射波长为 450 nm，激发波长为 251 nm、318 nm 和 345 nm。

1. 不同 pH 下奎宁的荧光波长及强度记录如下：

加入缓冲溶液所对应 pH	1	2	3	4	5	6
激发波长						
荧光波长						
荧光强度						

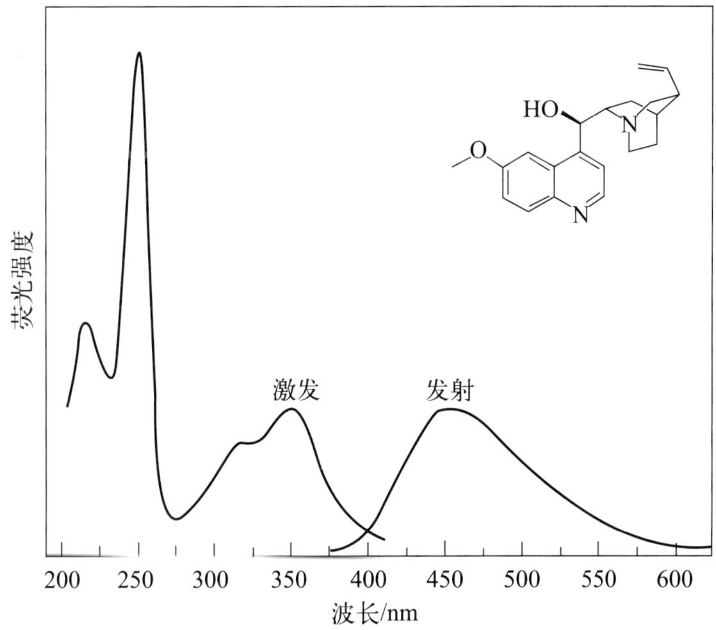

图 2-21　奎宁的激发光谱和发射光谱

以荧光强度为纵坐标，溶液 pH 为横坐标作图，得出奎宁荧光强度与 pH 关系的结论。

2. 加入不同浓度的溴化钠溶液后奎宁的荧光强度记录如下：

溴化钠/mL	0	1	2	4	8	16
荧光强度						

注：溴化钠浓度为 0 mol/L 的荧光强度为第一个 pH=2.0 的硫酸奎宁溶液荧光强度测定结果。

以荧光强度为纵坐标，溴离子浓度（mol/L）为横坐标作图，并解释结果。

六、思考题

1. 画出荧光光谱仪的基本结构图。

2. 荧光光谱仪与紫外光谱仪在结构上有何不同？为什么要这样设计？

3. 如何绘制激发光谱和发射光谱曲线？

4. 简述仪器测量中的荧光强度大小与哪些影响因素有关？

5. 唐本忠院士提出的聚集诱导发光（AIE）概念，奠定了中国在此领域的领先地位。请浅谈荧光光谱在 AIE 材料研发方面的应用。

2.3 红外光谱分析实验

2.3.1 概述

红外光谱法（infrared spectroscopy，IR）是基于物质对红外辐射的特征吸收建立起来的一种光谱分析方法。分子吸收红外辐射后发生振动能级和转动能级的跃迁，又称为分子振动-转动光谱。每种化合物都有自己独特的红外吸收模式，某些官能团甚至在不同的分子中也能在大约相同的波长下吸收。红外光谱提供了分子的“指纹”，用来识别分子，可对化合物进行官能团测定和未知化合物的结构鉴定。利用红外光谱标准谱图集，通过谱库检索辅助可以进行定性分析。此外，IR 光谱可用于化合物的定量测量，定量依据是 Lambert-Beer 定律。

有机分子的振动模式包括伸缩振动和弯曲振动，其吸收光谱的区域一般在 4000～400 cm^{-1} 的中红外光区。分子在振动过程中必须具有偶极矩的变化，在红外光谱上方能有信号。常见的有机化合物官能团振动频率出现的范围就在中红外光区，根据基团的振动形式，可分为四个区：4000～2500 cm^{-1}，X-H（X＝O，N，C，S）伸缩振动区；2500～1900 cm^{-1}，三键和累积双键伸缩振动区；1900～1200 cm^{-1}，双键伸缩振动区；1200～400 cm^{-1}，X-Y 伸缩振动区和 X-H 变形振动区。通常将 4000～1400 cm^{-1} 称为官能团区，1400～400 cm^{-1} 称为指纹区。

20 世纪 40 年代，随着商用光谱仪的发展，色散型红外光谱技术得到了广泛应用。20 世纪 70 年代，出现了以傅里叶变换和迈克尔逊干涉仪为基础的非色散型红外光谱仪，这些傅里叶变换红外光谱仪（FTIR）逐渐取代了传统的色散型红外光谱仪。

红外光谱的光源应满足理想辐射源的要求，即辐射强度在使用的波长范围内连续、覆盖广泛的波长范围、在长时间内保持恒定。中红外区域最常用的红外辐射源是能斯特灯（Nernst glowers）、硅碳棒（globars）和加热线圈（heated wires）。

红外光谱的检测器分为两大类：热检测器（thermal detectors）和光敏检测器（photon-sensitive detectors）。热检测器包括热电偶（thermocouples）、辐射热测量计（bolometers）、热敏电阻（thermistors）和热释电装置（pyroelectric devices）。热检测器的响应速度通常比光敏半导体慢。在色散型红外光谱中最常用的检测器是辐射热测量计、热电偶和热敏电阻；但 FTIR 需要更快的检测器，主要依赖于热释电装置和光敏半导体检测器。

迈克尔逊干涉仪（Michelson interferometer）（图 2-22）由四个光学臂组成，通常彼此成直角，在它们的交点处有一个分束器。辐射通过第一个臂，并由分束器分离成两个大致相等的垂直光束。这些光束进入光谱仪的其他臂，在这些臂的末端，两束光被镜子反射回分束器，在那里被重新组合并一起反射到检测器。其中一个镜子固定不动，称为定镜（fixed mirror）；另一个镜子可以向分束器靠近或远离，改变该臂的路径长度，称为动镜（moving mirror）。光源生成的所有波长的辐射都沿着干涉仪的臂传播，每种波长都会生成一个独特的余弦波，检测器处的信号是所有余弦波的总和。干涉图在时域中包含了源（或样品）的光谱信息，基于动镜记录了强度与时间的关系。如果可以从干涉图中提取出独特的余弦波，就可以获得每个波长的贡献，这些单个波长的贡献可以被重建以给出频域中的光谱。随后，使用傅里叶变换将时畴谱（time-domain spectrum）转换为频畴谱（frequency-domain spectrum）。

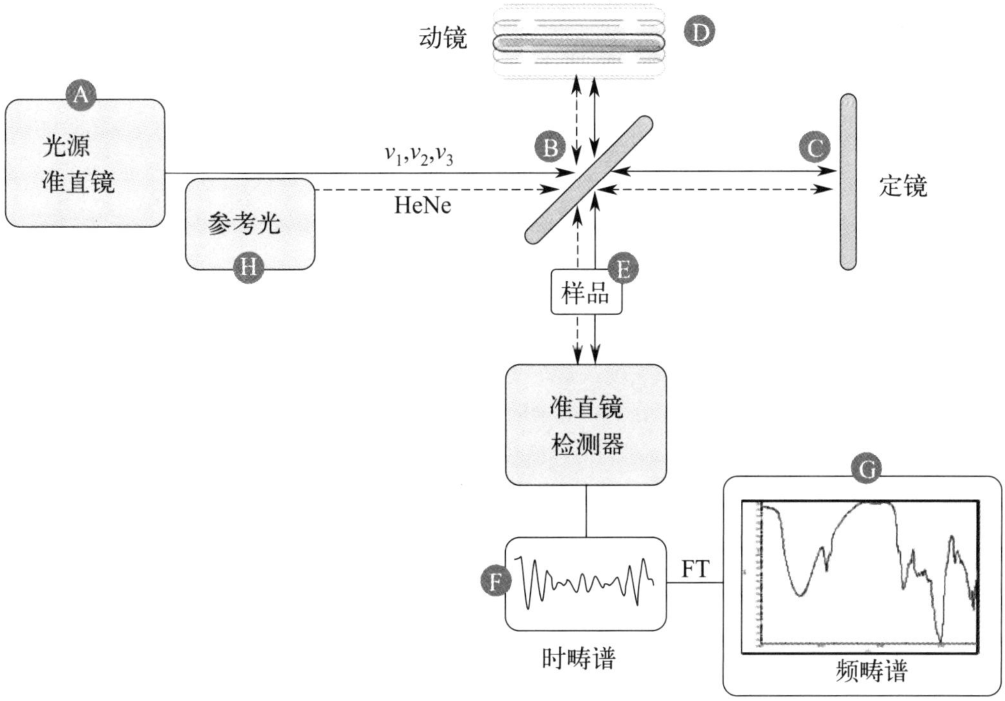

图 2-22 基于迈克尔逊干涉仪的 FTIR 光路图

2.3.2 PerkinElmer Spectrum Ⅱ仪器的操作规程

（1）开机

先打开仪器背后主机开关，再打开软件。

（2）扫描

确认仪器状态后，可以开始扫描。在进行样品扫描前，对扫描条件进行设置，一般将扫描范围（Start-End）设定为：4000～450 cm^{-1}；扫描次数（Accumulation）：4 次；分辨率（Resolution）：4 cm^{-1}。

在设定好扫描条件后，先扫描背景。此时，应保持样品仓内放入空白样品或者无样品放入，点击“Background”开始扫描背景，此时的图谱显示区域如图 2-23 所示。

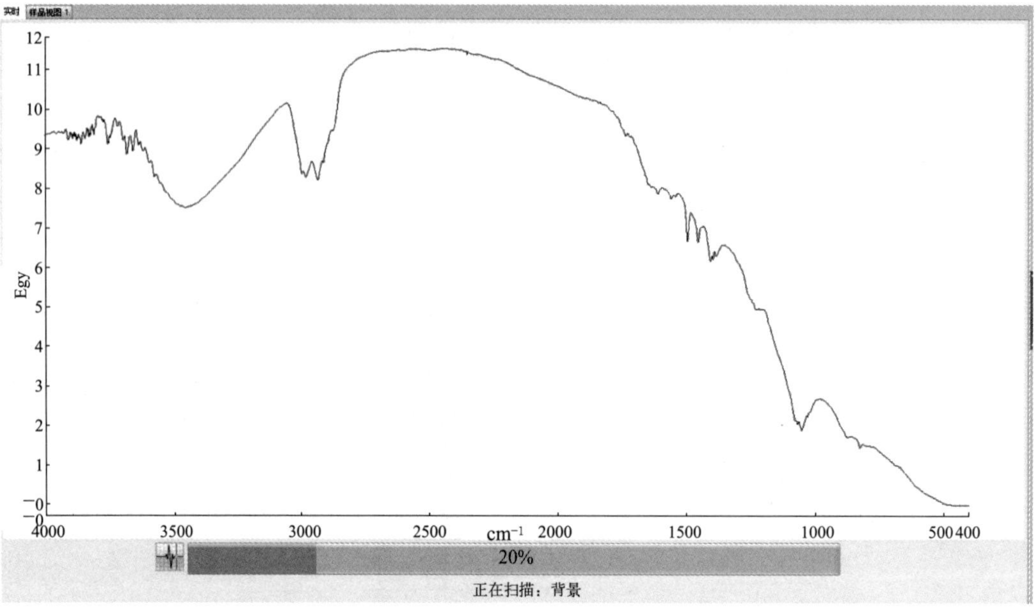

图 2-23　背景扫描

背景扫描完成后，向样品仓内放入待测样品，并点击 "Scan"开始扫描图谱。此时，图谱显示区域如图 2-24 所示。

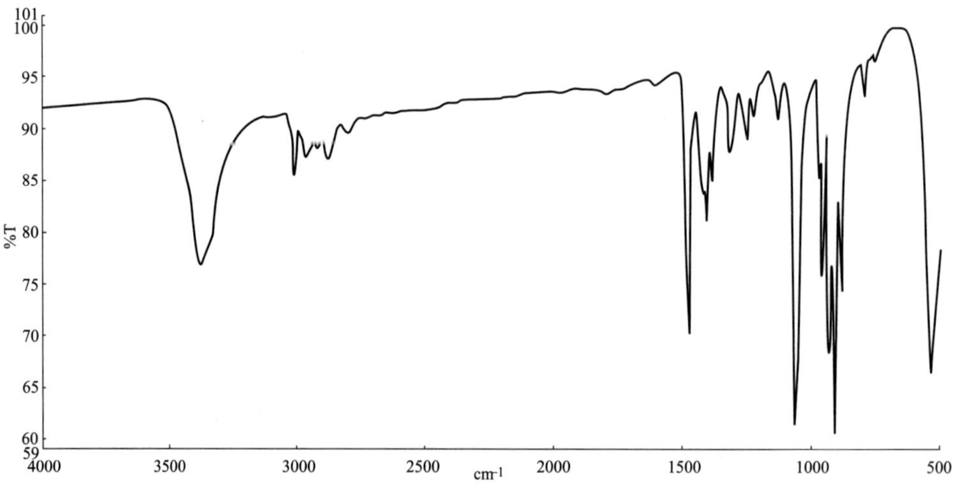

图 2-24　红外光谱图示例

光谱扫描完成后，通过选择 File/Save 或 Save as 可以保存谱图。选择 Save 则光谱

以默认的 .sp 格式保存在默认的路径中；选择 Save as 则可以设定保存的路径和文件类型，一般保存为 txt 格式。

（3）谱图处理

点击 Process 菜单选择 Baseline Correction，谱图的基线会自动校正。

点击 Process 菜单选择 Normalize，对谱图进行归一化处理。100% T 为基线将光谱最大吸收峰扩展/缩小至设定的吸光度值。

在视图 View 菜单下，选择峰值标记 Label Peaks，所收集的图谱上便会标记出峰值（图 2-25）。

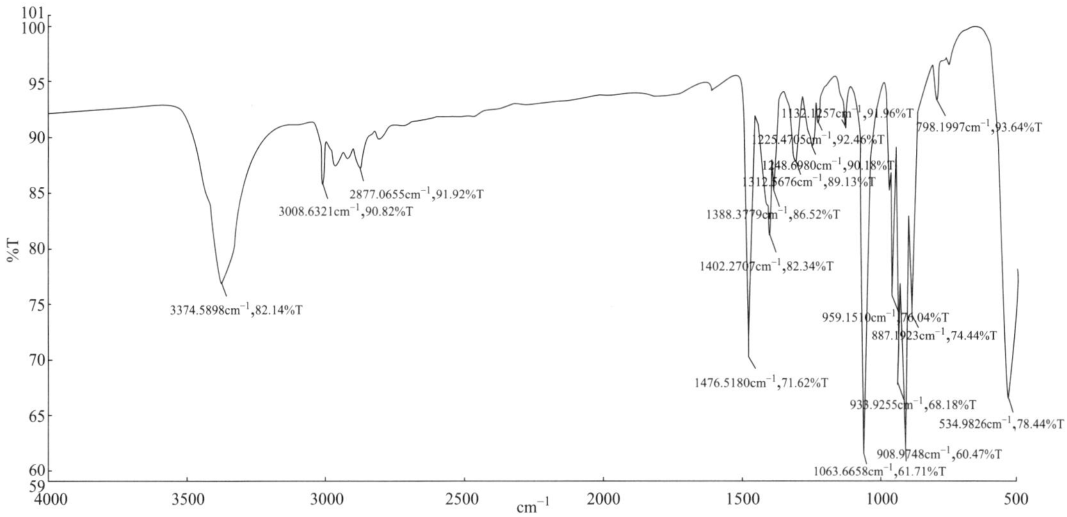

图 2-25 标记峰值

改变阈值，可以改变分辨峰的能力，点击 Setup/Peak Detection，修改“Thresholds”。

（4）导出谱图

2.3.3 实验部分

实验 1
红外光谱法测定苯甲酸

一、实验目的

1. 学习红外光谱仪的基本原理及基本操作。
2. 掌握压片法制样。
3. 学习用红外光谱进行化合物的定性分析。

二、基本原理

苯甲酸是一种存在于动植物组织中的天然芳香羧酸，亦可由微生物产生。工业合成的苯甲酸，在食品、化妆品、卫生和医药产品中广泛用作防腐剂或调味剂；也可用作添加剂、成核剂、中间体、冷却剂中的稳定剂、催化剂或溶剂，在塑料、纺织品、农药、造纸和染料工业中发挥着重要作用。超过 90%的商用苯甲酸通过氧化/脱羧生产苯酚，然后通过加氢、肟化和贝克曼重排反应生产己内酰胺和尼龙。

苯甲酸的结构骨架中含有一个苯环和一个羧酸根，在高浓度或者固体状态下，通常以二聚体的形式存在（图 2-26）。游离羧酸的 C ═O 伸缩振动峰出现在约 1760 cm^{-1}，O—H 伸缩振动峰在约 3550 cm^{-1}；二聚体羧酸的 C ═O 伸缩振动峰和 O—H 伸缩振动峰，均向低波数方向位移，在约 1710 cm^{-1} 和 3200～2500 cm^{-1}（宽峰）。缔合羧酸的 O—H 摇摆振动峰，则在 920 cm^{-1} 附近。苯环的 C ═C 伸缩振动，通常出现在 1650～1450 cm^{-1}，有多个峰形尖锐、吸收中等的峰（一般 4 个）。

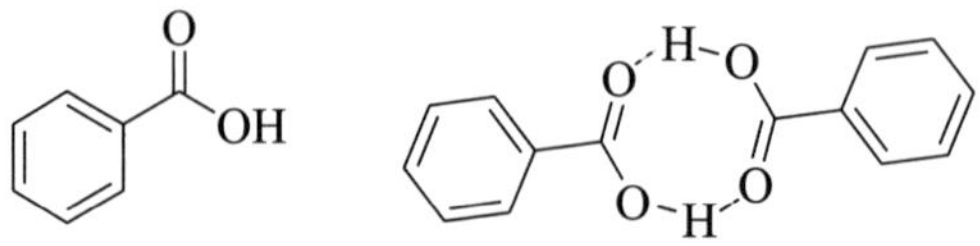

图 2-26 苯甲酸（左）和苯甲酸二聚体（右）的结构

三、仪器与试剂

1. 仪器

PerkinElmer Spectrum Ⅱ傅里叶变换红外光谱仪、压片机、压片模具、红外干燥灯、玛瑙研钵、天平。

2. 试剂

苯甲酸、溴化钾。

四、实验操作

1. 压片制样

称取已烘干的溴化钾 200 mg，苯甲酸约 2 mg，置于玛瑙研钵中，混合研磨至粉状，转移至压片模具上，高压压片成型，上机检测。

2. 在开机状态下设置仪器参数

扫描范围：4000～450 cm^{-1}；

扫描次数：4 次；

分辨率：4 cm^{-1}；
数据存储位置：自定义；
样品名：自定义。

3. 样品测试

① 以空白样品或者空气为背景，进行背景采集。
② 样品晶片放置在样品架上，采集谱图。
③ 对谱图进行处理和标峰。
④ 结果处理和数据分析。

根据红外光谱图吸收峰的波数，分析各特征吸收峰的官能团归属。

五、思考题

1. 红外光谱测试中，为什么需要对溴化钾和样品进行干燥处理？
2. 简述如何利用红外光谱图进行官能团的定性分析。
3. 国家六部委联合制定《关于“十四五”推动石化化工行业高质量发展的指导意见》中明确提出，大宗化工产品生产集中度进一步提高，产能利用率达到 80%以上。苯甲酸作为一种重要的大宗化学品，应用领域非常广泛。请列举 1～2 种可利用红外光谱法辅助结构鉴定的大宗化学品。

实验 2
红外光谱分析壳聚糖的脱乙酰度

一、实验目的

1. 熟悉红外光谱仪的基本原理及基本操作。
2. 掌握压片法制样。
3. 学习用红外光谱进行化合物的定量分析。

二、基本原理

壳聚糖（CS）是甲壳素脱乙酰基后得到的一种天然高分子，在生物医药、食品与农业、环境治理等方面应用广泛。甲壳素是由 2-乙酰氨基-D-葡萄糖经 β-(1→4)糖苷键连接组成的[图 2-27(a)]。该糖苷键可以被几丁质酶轻易分解。壳聚糖是由随机分布的 2-乙酰氨基-D-葡萄糖和 2-氨基-D-葡萄糖经 β-(1→4)糖苷键连接组成的线性多糖[图 2-27(b)]。虽然壳聚糖可以直接在某些真菌的细胞壁中分离得到，但目前商用的壳聚糖基本上是由甲壳素经化学方法或酶法制备的，因此测定壳聚糖的脱乙酰度十分必要。

壳聚糖的红外光谱显示在三键区域没有吸收峰，其结构中酰胺键的羰基显示为强吸收（约 1650 cm^{-1} 和 1560 cm^{-1}），而且周围没有其他较强的吸收峰。硫氰化钾（KSCN）的红外光谱显示，只有三键区域有一强的吸收峰（2050 cm^{-1}），因此可以作为壳聚糖的内标，通过羰基与 KSCN 吸收强度的比值可以计算出壳聚糖中羰基的含量，进而计算出壳聚糖的脱乙酰度。

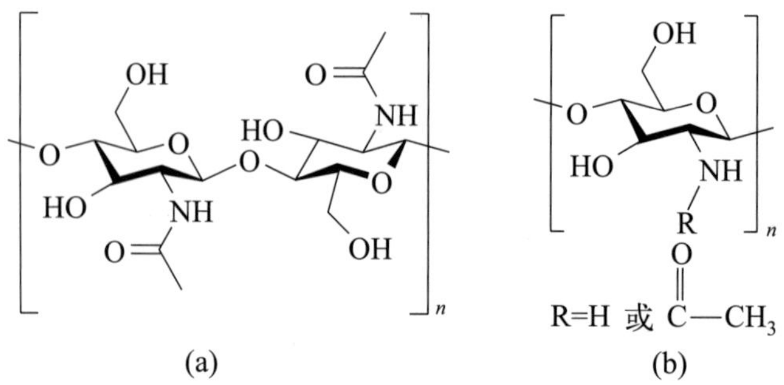

图 2-27 甲壳素的化学结构式 (a)和壳聚糖的化学结构式（b）

三、仪器与试剂

1. 仪器

PerkinElmer Spectrum Ⅱ傅里叶变换红外光谱仪、压片机、压片模具、红外干燥灯和玛瑙研钵、天平。

2. 试剂

N-乙酰氨基-D-葡萄糖、硫氰化钾、壳聚糖、溴化钾。

四、实验操作

1. 制备标样和样品

将化合物 *N*-乙酰氨基-D-葡萄糖（AG）与 KSCN 以不同的质量比混合，制成混合标样。将壳聚糖（CS）与 KSCN 以一定质量比混合，制成待测样品。

2. 压片制样

称取已烘干的溴化钾 200 mg，混合标样或待测样品 5 mg，置于玛瑙研钵中，混合研磨至粉状，转移至压片模具上，高压压片成型，上机检测。

3. 在开机状态下设置仪器参数

扫描范围：4000～450 cm^{-1}；

扫描次数：4 次；

分辨率：4 cm^{-1}；

数据存储位置：自定义；

样品名：自定义。

4. 样品测试

① 以空白样品或者空气为背景，进行背景采集；

② 样品晶片放置在样品架上，采集谱图；

③ 对谱图进行处理、标峰，确定特征吸收峰的吸光度值。

5. 结果处理和数据分析

得到一系列的质量比值 $M_{AG}/(M_{KSCN}+M_{AG})$ 与吸收峰强度比值 A_{AG}/A_{KSCN} 数据。以 $M_{AG}/(M_{KSCN}+M_{AG})$ 为 X 轴，A_{AG}/A_{KSCN} 为 Y 轴，作图得标准曲线。将 CS 与 KSCN 以一定比例 W_1 混合时，测得其与 KSCN 的吸收比值 A 即可求得 AG 的实际比例 W_2，则壳聚糖中的 AG 的含量为 W_2/W_1。最后，计算出壳聚糖的脱乙酰度。

五、思考题

1. 简述用红外光谱进行定量分析时，内标的选择原则有哪些？
2. 红外光谱进行定量分析时，能否不用内标进行定量？为什么？
3. 红外光谱中 C ═O 的伸缩振动特征吸收峰为强信号峰。利用它的吸收峰强度和位移变化，可对材料进行结构表征。请从“积极培育新材料，加快形成新质生产力”的角度，简述红外光谱测定在新型海洋壳聚糖生物材料研发方面的应用。

2.4 原子吸收光谱分析实验

2.4.1 概述

原子吸收光谱法（atomic absorption spectrometry，AAS）的基础是气态基态原子对光的吸收。气相中的自由原子是由样品在高温下通过原子化器形成的。AAS 在 20 世纪 50 年代由 Alan Walsh 发展起来，并迅速成为一种广泛使用的元素分析技术，能够应用于几乎任何类型的样品中，可对 70 多种元素进行定量分析，定量限可达 10^{-9} 和 10^{-6}。作为一种元素分析技术，它在许多（但不是所有）情况下都具有显著的优势，元素测定时只取决于元素的种类，与元素的价态和形式无关，且一般情况下不受其他元素的干扰。因此，没有必要将分析物从样品（基体）中分离出来，使得样品的分析速度快且可以消除一些误差来源。AAS 的主要缺点是没有关于分析物化学形态的信息，难熔元素和非金属元素测定困难，而且通常一次只能测定一种元素，使 AAS 在定性分析中的应用非常有限，几乎完全用于元素的定量分析。原子吸收光谱仪的组成如图 2-28 所示。

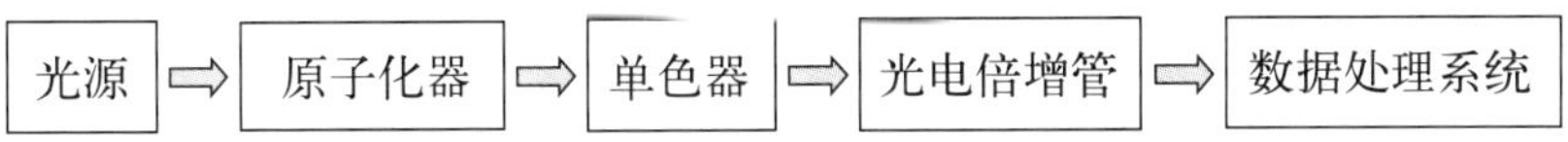

图 2-28 原子吸收光谱仪的组成图

AAS 仪器中常用的两种光源是空心阴极灯（hollow cathode lamp，HCL）和无极放电灯（electrodeless discharge lamp，EDL），两种灯均能提供锐线光源。原子化器一般包括火焰原子化器和非火焰原子化器（最常用石墨炉原子化器），前者操作简单，分析时间短，对大多数元素有较高的灵敏度，应用广泛；后者原子化效率远远高于火焰原子化法，灵敏度很高，且样品前处理较为简单，但仪器装置复杂、昂贵，分析速度较慢。因为辐射源产生的谱线非常窄，光谱干扰不常见，所以单色器的分辨率要求相对不那么高。AAS的检测器包括光电倍增管（photomultiplier tube，PMT）、光电二极管阵列（photo-diode array，PDA）检测器和电荷耦合器件（charge-coupled devices，CCDs）。

原子吸收光谱的分析过程一般包括：①确定待测元素；②选择该元素相应的锐线光源，发射特征谱线；③试样在原子化器中被蒸发、解离成气态基态原子，根据元素的特征选择相应的原子化方式；④特征谱线穿过气态基态原子被吸收而减弱，经色散系统和检测系统后，测定吸光度。每种元素都有几条可供选择的吸收线，通常选择元素的共振吸收线作为分析线，以获得最高的灵敏度；分析线选择时，需考虑共振吸收线的干扰情况，如干扰严重应选其他分析线或进行背景校正；元素含量较高时，测定时可以选用元素的次灵敏线为分析线。根据吸光度与被测元素浓度间的线性关系，进行定量分析。

2.4.2 Thermo Fisher ICE3000 系列原子吸收光谱仪的操作规程

2.4.2.1 开启原子吸收光谱仪

（1）火焰法

① 气体：确保所有气路不泄漏。

② 开启空气压缩机：设定压力为 2.1 bar[1]（30 psi[2]）。

③ 开启电源：打开光谱仪电源、计算机电源，进入 SOLAAR 软件。检查软件与光谱仪的连接，并使之处于 ON-LINE 状态。

④ 安装空心阴极灯：安装要用的空心阴极灯并预热 15 min 以上。

⑤ 点火：当气体压力正确，燃烧头正确安装并连接好燃烧头电源时，仪器的点火开关灯将闪烁，按住点火开关直到火焰点燃。

⑥ 准直仪器：调整光路，准直燃烧头，雾化器撞击球调节。

（2）石墨炉法

① 氩气和循环水：氩气压力稳定在 1.1±0.1 bar(15±2 psi)。冷却水水温设定为高于室温 5 ℃并低于 30 ℃，压力在 1.4～6.9 bar(2～100 psi) 之间，循环水压力不能超过 100 psi，最小流量为 0.7 L/min。如配备了循环冷却水系统，打开循环水系统开关，并设定好温度、流量和压力。

② 开启电源：打开光谱仪、计算机和石墨炉电源，进入 SOLAAR 软件。检查软件与光谱仪的连接，并使之处于 ON-LINE 状态。开启排风系统。

③ 石墨管安装。

④ 自动进样器安装与调整。

（3）氢化物发生法

---

[1] 1 bar=10^5 Pa。

[2] 1 psi=6894.757Pa。

① 氢化物发生器 VP90 的准备与连接：连接氩气源，调节压力为 0.34 bar（5 psi）。连接废液管，确保废液直接流出。

② 开启电源：打开光谱仪电源、计算机电源，进入 SOLAAR 软件。检查软件与光谱仪的连接，并使之处于 ON-LINE 状态。

③ 安装并准直空心阴极灯，安装“T”形管并准直。

④ VP90 参数的最佳化：调整新“T”形管，优化载气流量，优化稳定延时（stabilise delay）和回到基线延时（baseline delay）。

2.4.2.2 设定仪器与实验条件参数

（1）火焰法

点击方法设定按钮，点击“概述”，输入方法名称、操作者。点击“新建”，出现元素周期表，选择要测定的元素，在技术中选择“火焰”。如图 2-29 所示，设定序列参数、光谱仪参数（点击“菜单”，进入 SOLAAR COKBOOK 帮助，有可供参考的关于火焰、石墨炉和氢化物分析的详细参数）、火焰参数（气体类型、气体流量、燃烧器高度等）、校正参数、QC 参数。设定完毕后，返回“概述”窗口，保存方法，点击“确定”使方法生效。

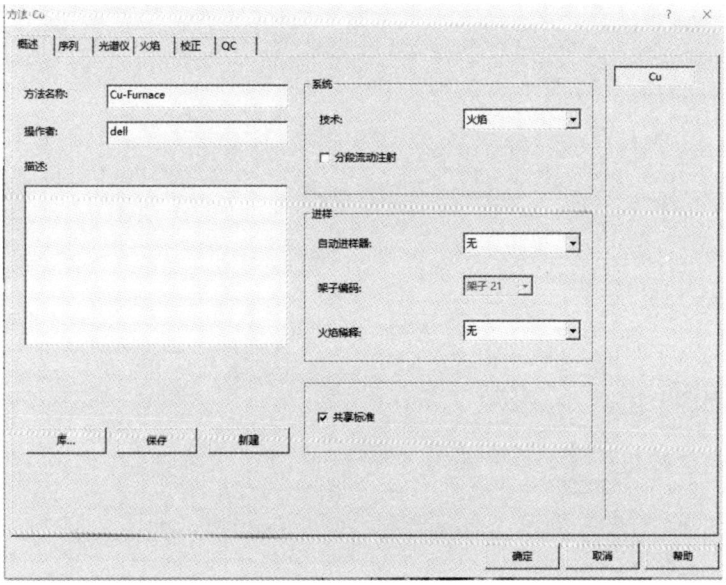

图 2-29 火焰法仪器参数设定

（2）石墨炉法

点击方法设定按钮，点击“概述”，输入方法名称、操作者。在技术中选择

“石墨炉”。如图 2-30 所示，选择“FS95 自动进样器”，如方法中要测定多个元素，并且使用多元素混合标准溶液，可选择“共享标准”。设定序列参数、光谱仪参数、石墨炉参数（程序升温设定、石墨管类型、灰化/原子化温度等）、校正参数、进样参数、QC 参数。设定完毕后，返回“概述”窗口，保存方法，点击“确定”使方法生效。

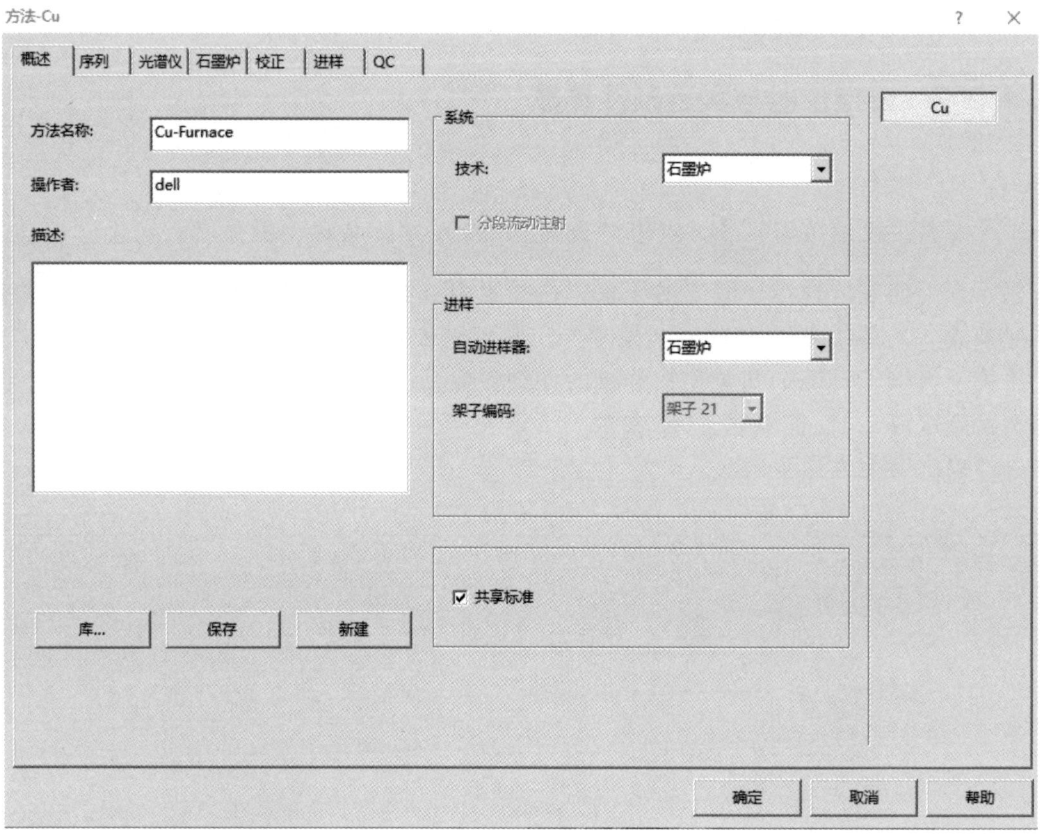

图 2-30　石墨炉法仪器参数设定

（3）氢化物发生法

点击方法设定按钮，在“概述”对话框的技术中选择“氢化物”，其中序列、光谱仪、校正、QC 的参数设定与火焰法和石墨炉法相似。如图 2-31 所示，在光谱仪参数中，背景校正选择无。点击进入“氢化物/分段流动注射”对话框，在氢化物模式中选择火焰加热，在氢化物组件中依据实际配置的氢化物附件的型号进行选择。设定完毕后，返回“概述”窗口，保存方法，点击“确定”使方法生效。

2.4.2.3　样品测定

进入“方法”菜单，编辑或载入编辑好的方法，点击“确定”，回到系统操作界面，点击“分析”图标，按软件提示顺序进行分析。

点击系统操作软件中的“文件”菜单，选择“新建结果”，出现“新建结果文件”对话框，输入要保存结果的文件名，然后保存，该次分析的结果将自动保存在该文件中。

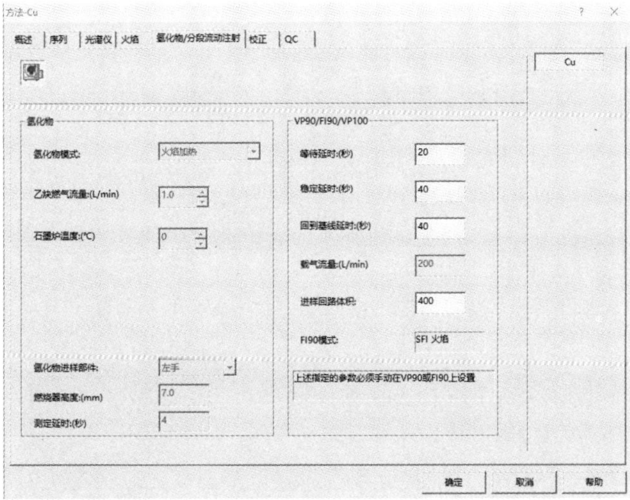

图 2-31　氢化物发生法仪器参数设定

2.4.2.4　浏览数据

双击放大软件中的“结果”显示图标，显示结果窗口。鼠标放置在该图标上，单击右键，显示如图 2-32 所示的窗口。

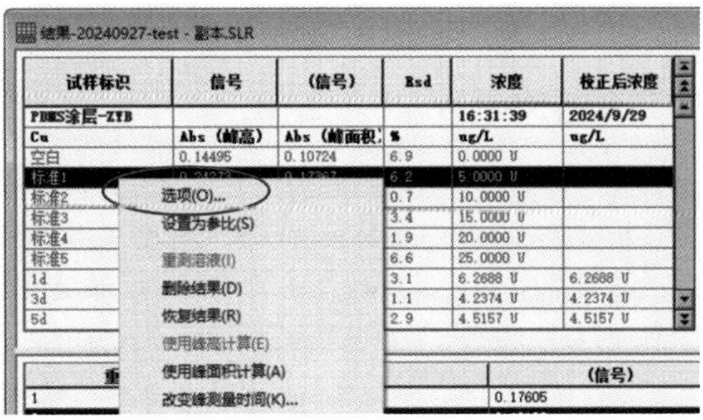

图 2-32　结果窗口

点击“选项”，出现“结果显示选项”对话框。“分析”页中，选定“所有分析”用以显示所有分析结果，选定“选择分析”用以显示选择分析结果，选定“筛选分析”以操作者、时间或分析名筛选分析结果后显示（图 2-33）。

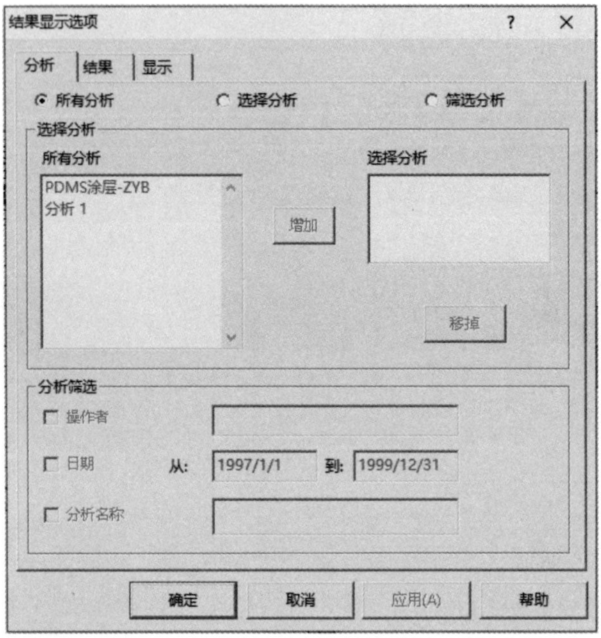

图 2-33 “结果显示选项”对话框

“结果”页中可选择“元素”以分析元素来显示结果，“技术”中可选择显示所有分析技术的结果，也可选择显示火焰法、石墨炉法或氢化物分析法的结果（图 2-34）。

“显示”页中，可选择结果参数，如%RSD、SD，以及显示结果的小数点后的位数（图 2-35）。

以上选项设定好后点击“确定”，关闭“结果显示选项”对话框，所选择的结果将会显示在结果窗口。

2.4.2.5 数据处理和打印

点击“改变线性拟合”可以改变标准曲线的拟合方式，点击“删除结果”“恢复结果”可以删除和恢复分析结果，如果石墨炉分析，还可改变峰高或峰面积测量。做这些改变后，分析结果就会被重新处理。需要的结果选定后，点击主菜单中的“文件”菜单，可选择“打印预览”“打印选项”“打印设置”等。

点击“报告打印选项”，对要打印的内容或格式，如页眉、方法、方法描述、试样结果、校正曲线等进行选择。经选择后，打印分析结果（图 2-36）。

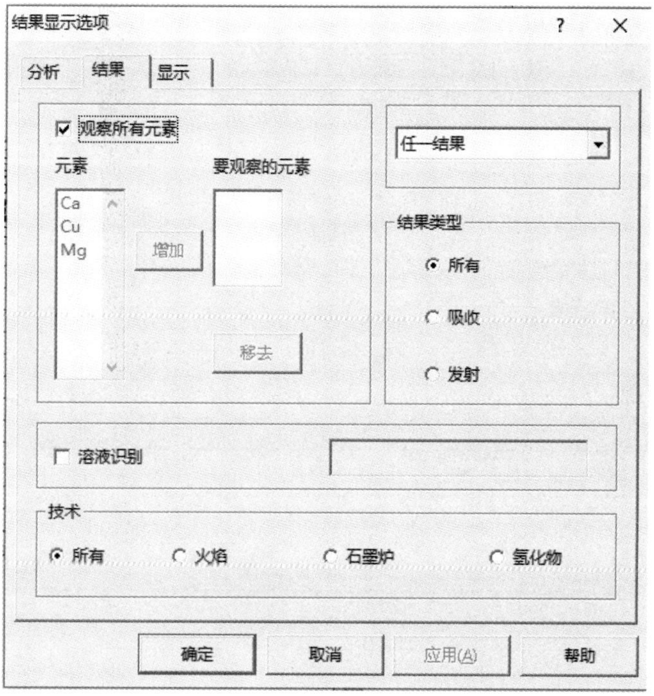

图 2-34　分析元素

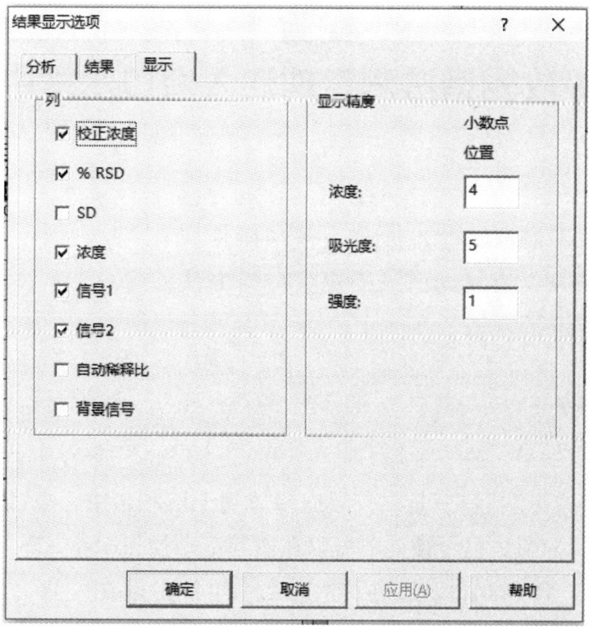

图 2-35　选择结果参数

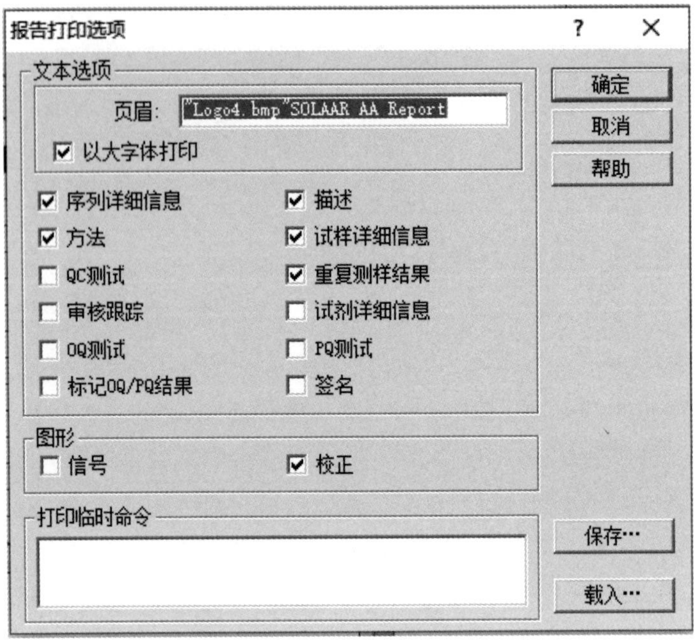

图 2-36 数据打印

2.4.3 实验部分

实验 1
火焰原子吸收光谱法测定珠江入海口水样中铬的含量

一、实验目的

1. 学习原子吸收光谱仪的基本原理及基本操作。
2. 了解利用火焰原子吸收光谱法的定量分析方法。
3. 学习标准曲线定量方法。

二、基本原理

Cr(0)、Cr(Ⅲ) 和 Cr(Ⅵ) 是三种热力学稳定的 Cr 形态，它们在工业上得到了广泛的应用。Cr(0) 的缓慢氧化会导致可溶性 Cr(Ⅲ) 有限地释放到土壤和水中，Cr(Ⅲ) 可通过化学氧化和光氧化转化为 Cr(Ⅵ)。Cr(Ⅵ) 已经被证明可以在实验室动物和职业暴露的工人中引起癌症。陆地土壤和水中的 Cr(Ⅲ) 和 Cr(Ⅵ)，通过发达的水系可能汇聚在入海口，流入海洋污染水体。因此，对珠江入海口水样中的铬含量进行检测十分必要。

原子吸收光谱法具有快速、灵敏、准确、选择性好、干扰少和操作简便等特点，可对 70 多种元素进行分析，尤其在已知重金属元素的定量分析方面具有优势。火焰原子化方法相较于非火焰原子化方法的精密度更高，且抗干扰能力更优。可以采用 AAS 对珠江入海口水样中的铬元素进行定量分析（标准曲线法）。

三、仪器与试剂

1. 仪器

Thermo Fisher ICE3000 原子吸收光谱仪、火焰原子化器、Cr 空心阴极灯。

2. 试剂

Cr 标准溶液、海水。

四、实验操作

1. 标准溶液配制

按照以下浓度，配制 Cr 标准溶液：1 ng/mL、2 ng/mL、4 ng/mL、8 ng/mL、16 ng/mL、32 ng/mL、64 ng/mL、96 ng/mL、128 ng/mL、256 ng/mL。

2. 样品前处理

将采集回来的海水静置过夜，上层海水用 0.22 μm 尼龙滤膜过滤后，上机检测。

3. 在开机状态下设置仪器参数

选择要测定的元素：Cr；
波长：357.9 nm；
技术：火焰；
信号：连续；
气体类型：空气-乙炔；
燃气流量：1.1 mL/min；
燃烧器高度：5.5 mm。

4. 结果处理和数据分析

① 记录样品信息。
测试样品编号：
② 绘制标准曲线，得到线性方程、相关系数，确定线性定量范围。
③ 计算水样中 Cr 元素的含量。
④ 结果与讨论。

五、思考题

1. 相较于石墨炉原子化方法，火焰原子化方法在定量方面有哪些优缺点？

2. 对于珠江入海口水样中金属的定量分析，用原子吸收光谱法如何提高分析方法的检出限？

3. 请从碧水保卫战要促进“人水和谐”的角度，简要论述原子吸收光谱法在淡水资源金属含量检测方面的重要性。

实验 2
石墨炉原子吸收光谱法测定土壤中锌的含量

一、实验目的

1. 学习原子吸收光谱仪的基本原理及基本操作。
2. 了解利用石墨炉原子吸收光谱法的定量分析方法。
3. 学习标准曲线定量方法。

二、基本原理

锌是一种自然界中含量很高的金属，土壤中锌的自然浓度在 10～300 mg/kg 之间，平均水平为 50 mg/kg。它是植物必需的微量营养素，在几个生理过程中都有需求。例如，锌是多种酶的辅因子，包括碳酸酐酶、碱性磷酸酶、醛缩酶、羧肽酶、乙醇脱氢酶、超氧化物歧化酶，影响光合作用和呼吸作用中的电子转移。然而，高浓度的锌对植物有毒，特别是过量的锌对光合器官有毒害作用。过量的锌会诱发活性氧（ROS）的产生，导致氧化应激，也会干扰其他元素（如铁元素和钙元素）的动态平衡，进而破坏依赖于锌的各种植物生理过程。由于过量施用锌肥、排放工业废水和采矿冶炼废物，土壤锌含量超标已经成为农业生态系统中的一个常见问题。同时，锌在土壤中的流动性强，生物对土壤中锌的生物利用率也高，使得高浓度的锌被视为毒物。考虑到农田锌污染的现状以及集约化农业的发展，开展土壤中的锌含量测定非常必要。

石墨炉原子化方法作为最常见的非火焰原子化方法，与火焰原子化方法相比，检出限绝对值低且可直接以固体进样。可以采用 AAS 对土壤中的锌元素进行定量分析（标准曲线法）。

三、仪器与试剂

1. 仪器

Thermo Fisher ICE3000 原子吸收光谱仪、石墨炉原子化器、Zn 空心阴极灯。

2. 试剂

土壤、Zn 标准溶液。

四、实验操作

1. 样品前处理

将待测土壤样品自然风干后置于粉碎机中粉碎，粉碎后的样品过 100 目筛网保存备用。

2. 标准溶液的配制

按照以下浓度，配制锌标准溶液：1 ng/mL、2 ng/mL、4 ng/mL、8 ng/mL、16 ng/mL、32 ng/mL、64 ng/mL、96 ng/mL、128 ng/mL。

或者采用主动稀释主标准溶液的模式，配制 128 ng/mL 的锌标准溶液。

3. 在开机状态下设置仪器参数

技术选择：石墨炉。

自动进样器：FS95。

选择测定元素：Zn。

波长：213.9 nm。

信号：峰高。

背景校正：塞曼校正。

石墨炉升温程序：

① 预干燥：110 ℃，保持 25 s，气流量 260 mL/min；

② 干燥：180 ℃，保持 25 s，气流量 260 mL/min；

③ 灰化：680 ℃，保持 20 s，气流量 260 mL/min；

④ 原子化：1600 ℃，保持 4 s，气流量 0 mL/min；

⑤ 除残：2450 ℃，保持 5 s，气流量 260 mL/min。

采用自动稀释主标准溶液，拟定标准曲线："标准"填 10，并在下方表格第 10 行输入 128，点缺省比率，显示浓度梯度。

进样准备：无。

工作体积：20 μL。

点击"ASLG"，设置标准溶液、待测溶液和空白的位置。

单击系统操作软件的"文件"菜单，选择新建结果，设置保存路径，点击分析进行测试。

4. 结果处理和数据分析

① 记录样品信息。

测试样品编号：

② 绘制标准曲线，得到线性方程、相关系数，确定线性定量范围。

③ 计算土壤中 Zn 元素的含量。

④ 结果与讨论。

五、思考题

1. 分析过程中，哪些步骤可能是造成 AAS 方法最终结果的不确定性的主要原因？
2. 针对土壤中的元素分析，还有哪些分析方法可以替代原子吸收光谱法？
3. "开展土壤污染源头防控行动，既要防止新增污染，又要逐步解决长期积累的土壤和地下水严重污染问题"。请简述原子吸收光谱法在这一防控行动中的潜在应用。

2.5 原子发射光谱分析实验

2.5.1 概述

原子发射光谱（atom emission spectroscopy，AES）法是元素在受到热或电激发时，由基态跃迁到激发态，返回到基态时发射出特征光谱，依据特征光谱进行定性、定量的分析方法。原子发射光谱法的波长反映的是单个光子的辐射能量，由原子外层电子在不同能级间的跃迁产生，取决于跃迁前后两个能级的能量差。不同的元素其原子结构不同，原子的能级状态不同，原子发射的波长也不同，这使得每种元素都有其特征光谱，成为原子光谱定性分析的依据。原子发射光谱法具有众多优点，可用于 70 多种元素的分析，尤其是单次可采集所有元素的发射谱线，再根据各元素的特征光谱进行各个元素的定性分析，实现多元素的同时检测。因此，原子发射光谱法在地质、冶金、机械、环境、材料、能源、生命及医学领域得到广泛应用。

原子发射光谱分析仪器的类型有多种，如：火焰发射光谱仪、微波等离子体光谱仪、电感耦合等离子体（inductively coupled plasma，ICP）光谱仪、光电光谱仪、摄谱仪等。随着新光源 ICP 的出现，AES 在原子定性分析方面的作用重新受到重视。

ICP 是由高频电流经感应线圈产生交变磁场，随后产生感应涡电流，最终产生的高温将气体（Ar）加热、电离，在炬管口形成稳定的等离子体焰炬（最高温度 10000 K）。试样溶液通过进样毛细管经蠕动泵作用进入雾化器雾化形成气溶胶，由载气引入高温等离子体，进行蒸发、原子化、激发、电离，并产生辐射。光源经过单色器分光，被检测器采集到信号，通常采用 CID 阵列检测器，可同时检测 165～800 nm 波长范围内出现的全部谱线。电感耦合等离子体发射光谱仪（ICP-OES）由高频发生器、蠕动泵进样系统、光源（ICP）、分光系统、检测器（CID）、数据处理系统等组成（图 2-37）。

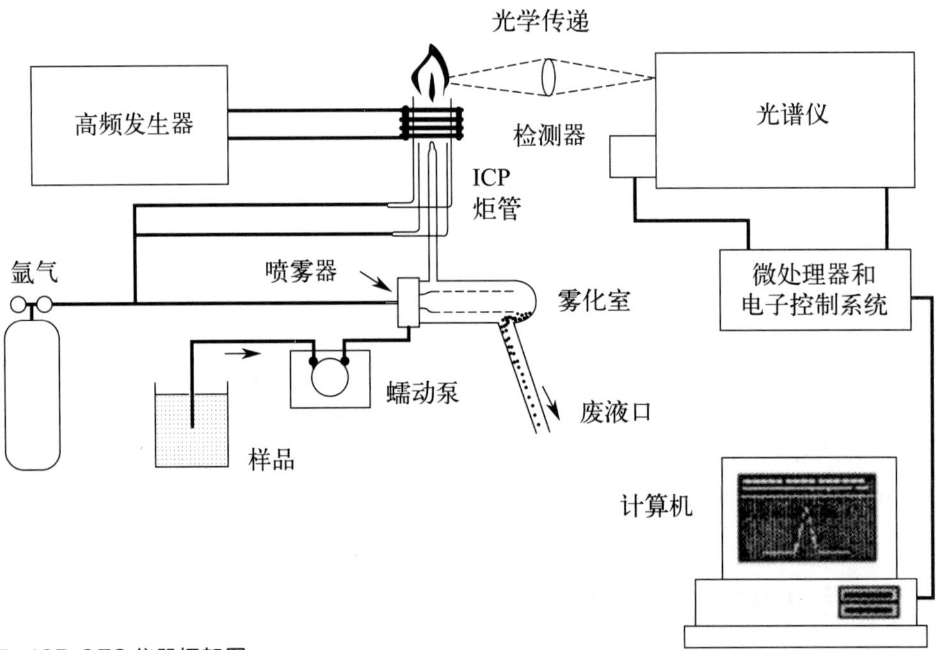

图 2-37　ICP-OES 仪器框架图

2.5.2 Thermo Fisher iCAP 7400 电感耦合等离子体发射光谱仪的操作规程

（1）开机预热

① 确认废液收集桶有足够的空间用于收集废液。

② 打开排风设备，确认供电电压稳定（如有稳压器需确认稳压器供电稳定），确认观察约 1 min。

③ 打开液氩并调节分压在 0.6～0.7 MPa 之间。

④ 确认冷却循环水水量充足，打开冷却循环水。

⑤ 打开仪器主机电源，打开计算机，启动 Qtegra 软件，双击“Qtegra”图标，进入操作软件主界面。

⑥ 在如图 2-38 所示的仪表盘界面，驱气流量选择 High，点击“应用”，氩气吹扫 2h 以上。

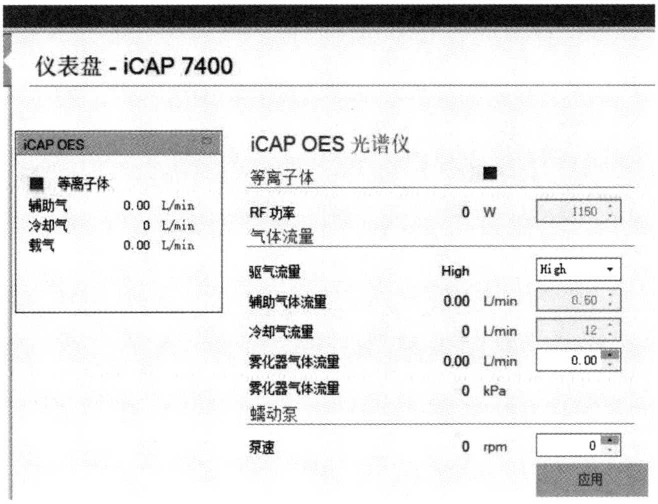

图 2-38 仪表盘界面

（2）编辑分析方法

① 新建方法：

单击左侧“模板”标签进入模板方法创建界面，选择创建一个空白模板，同时命名和选择保存位置。如果是重复之前设定的方法测试，则可选择在现有模板中创建一个新模板。

② 选择分析物 分析物 ：

单击“分析物”开始选择感兴趣的谱线，在感兴趣的元素上点击右键，可选择一条或多条谱线，单击不同谱线可以看到谱线干扰情况。

③ 测定模式 测定模式 ：

根据需要选择“水平”或“垂直”，其余“曝光时间”“辅助气流量”等参数一般情况下为默认值。

④ 采集参数：

“分析模式”默认为“正常”，根据需要设定“分析泵速”和“冲洗泵速”以及“泵稳定时间”。

⑤ 元素间校正：

一般情况下默认不勾选。

⑥ 标准：

点击按钮，选择“元素标准”，可逐个添加标准曲线点。其中，勾选“使用分析物列表创建标准”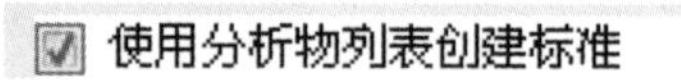。根据所配标准的浓度，输入每个元素的实际浓度。

⑦ 手动进样控制：

可设置手动进样“取样时间”和“清洗时间”。

⑧ 样品列表：

通过样品定义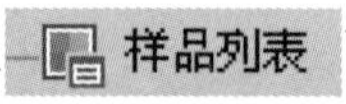可编辑样品。在“初始化动作”中，编辑录入标准曲线样品测试程序，在“连续动作”中，编辑待测样品测试程序（图 2-39）。

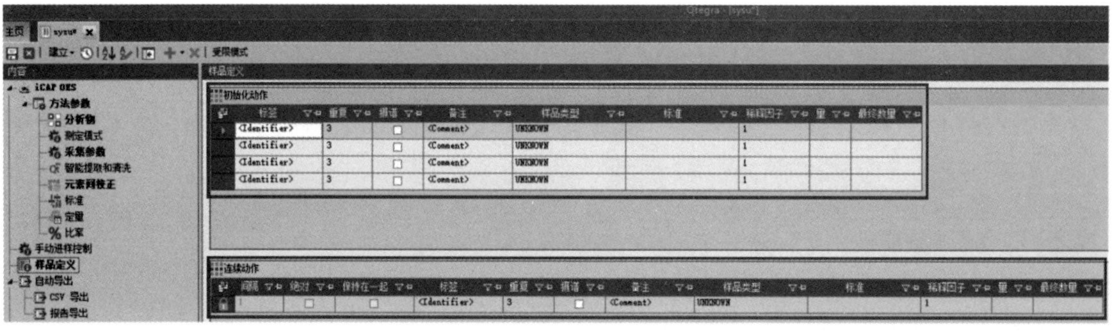

图 2-39　样品列表

⑨ 保存方法：

完成模板方法编辑后，点击界面左上角保存按钮保存方法。

⑩ 单击“LabBooks”标签，选择从现有模板创建一个新的 LabBook（图 2-40）。

（3）点火操作

① 再次确认氩气储量和压力，并确保驱气时间大于 2 h，以防止 CID 检测器结霜，造成 CID 检测器损坏。点火后预热 15 min，光谱仪最佳化 1 min，总时间 16 min。

② 光室温度稳定在（38±0.1）℃。CID 温度小于－46 ℃。

图 2-40　创建新的 LabBook

③ 检查并确认进样系统（炬管、雾化室、雾化器、泵管等）是否正确安装。

④ 夹好蠕动泵夹，把样品管放入蒸馏水中。

⑤ 开启通风。

⑥ 开启循环冷却水，循环冷却水压力约为 60 psi。

⑦ 等待所有“联锁”全部变绿。

⑧ 点击上方“Get Ready”按钮  →确定，仪器开始执行点火动作。

⑨ 点火成功后，将进样毛细管放入去离子水中，待等离子体稳定 15 min，根据提示即可开始测定样品。

（4）样品分析

① 点击左上角“编制 LabBook”按钮 ，将 LabBook 编制到下方“调度程序”  下面。

② 点击“调度程序”下方“运行”按钮，开始运行样品分析。

③ 根据手动进样提示，执行并完成分析。

（5）熄火

① 分析完毕后，将进样管放入 2%硝酸和去离子水中各冲洗进样系统 10 min。

② 打开 Qtegra 软件“仪表盘”中的“Get Ready”按钮 ，点击“关闭”按钮执行熄火。

③ 等离子体关闭等 1～2 min，关闭循环水，松开泵夹及泵管，将进样管从蒸馏水中取出。

④ 关闭排风。

⑤ 待 CID 温度升至 20 ℃以上（大约 3～5 min 的时间），驱气 20 min 后，关闭氩气，关闭 Qtegra 软件并关闭计算机。

2.5.3 实验部分

实验 1 电感耦合等离子体发射光谱法测定珠江入海口水样中的重金属元素

一、实验目的

1. 学习 ICP-OES 的基本原理及基本操作。
2. 了解利用 ICP-OES 进行多元素同时定性的分析方法。

二、基本原理

重金属污染被认为是一种全球性威胁，对海岸生态系统健康具有潜在风险，已被确定为一个主要的环境问题。海水重金属污染的来源广泛，包括自然和人为来源，如城市污水、工业废物、大气沉降、地下水排放和河流负荷。海水中的金属可以通过沉积和迁移相互作用，对底栖和水生环境以及生物产生影响。一些金属（铜、锌和铁）在一定剂量内充当必需微量营养素，而汞、铬、镉和铅等其他微量营养素即使在剂量内也是有毒的。不同金属的生物利用率不同，其中镉、铜和锌的生物利用率相对较高（约 50%），高于南海沿海地区报告的其他金属。重金属作为持久性有毒污染物，能够指示环境变化。因此，对珠江入海口水样中的重金属元素进行分析测试，可观测大湾区的环境变化，具有重要的实用价值。

电感耦合等离子体发射光谱法（ICP-OES）具有多元素同时定性分析的优势，分析元素可达 70 多种。利用 ICP-OES 全扫描方式，得到海水样品的发射光谱，对照每种元素对应的特征峰，当该元素在排除谱线干扰的前提下存在两条或以上特征峰时可以判别该元素存在。采用 ICP-OES 对海水中的重金属元素进行定性分析，可为后续海水中重金属元素的定量分析提供基础。

三、仪器与试剂

1. 仪器

Thermo Fisher iCAP 7400 原子发射光谱仪、ICP 光源、CID 检测器。

2. 试剂

去离子水、海水。

四、实验操作

1. 样品前处理

采集回来的海水，静置过夜，上层海水用 0.22 μm 滤膜过滤后，上机检测。

2. 在仪器方法目录下设置参数

分析物：全波长扫描；

测定模式：水平观测；

泵速：50 r/min；

取样时间：20 s；

清洗时间：10 s。

3. 结果处理和数据分析

① 记录样品信息。

测试样品编号：

② 根据各元素特征谱线的发射波长，进行重金属元素的定性分析。

序号	特征谱线的发射波长	重金属元素
1		
…		

③ 结果与讨论。

五、思考题

1. 请举出一种海水中重金属元素的定量分析方法，并简要说明其原理。

2. 除了 ICP-OES 外，还有哪些测定方法可以对珠江入海口水样中重金属进行多元素同时定性分析？

3.《中共中央、国务院关于全面推进美丽中国建设的意见》将海洋生态环境保护纳入美丽中国建设全局，明确要求到 2027 年，全国近岸海域水质优良比例达到 83%左右，美丽海湾建成率达到 40%左右，到 2035 年美丽海湾基本建成。请简要论述原子发射光谱法测定珠江入海口重金属元素方法的开发在海洋生态环境保护方面的重要性。

实验 2
电感耦合等离子体发射光谱法测定土壤中的重金属元素

一、实验目的

1. 掌握 ICP-OES 的基本原理及基本操作。

2. 学习利用 ICP-OES 进行多元素同时定性的分析方法。

3. 了解固体样品微波消解的前处理方法。

二、基本原理

土壤重金属污染是导致土壤质量下降和生物多样性丧失的主要因素之一，金属在土壤表层积累并进入营养链，进而污染植物。值得注意的是，土壤的金属污染在短期内危害不明显，但随着时间的推移对生态效应的威胁逐渐显现。间接通过土壤提供的食物供应、碳封存、地表水等摄入重金属，例如食用重金属含量超标的大米，或者直接通过在工作或居住场所意外摄入土壤中的金属，食用未经充分清洗的水果或蔬菜，都能使土壤污染对人类健康产生不利影响。即使摄入的重金属是必需营养素的来源，也可能导致重金属暴露。当金属浓度超过一定限度，不被身体代谢，且容易在体内积聚时，可能会产生危险和中毒风险，例如，干扰人体内分泌系统、损害人体的心血管和神经系统并可能导致癌症。因此，对土壤的重金属元素种类进行分析测试，具有重要的实用价值。

经过微波消解的预处理，随后利用 ICP-OES 全扫描方式，可得到土壤样品的发射光谱，对照每种元素对应的特征峰，当该元素在排除谱线干扰的前提下存在两条或以上特征峰时可以判别该元素存在，进而评估土壤所含重金属的种类。

三、仪器与试剂

1. 仪器

Thermo Fisher iCAP 7400 原子发射光谱仪、ICP 光源、CID 检测器、上海新仪微波消解仪。

2. 试剂

土壤、去离子水、HF、HNO_3、$HClO_4$、HCl。

四、实验操作

1. 样品前处理

将待测土壤样品自然风干后置于粉碎机中粉碎，粉碎后的样品过 100 目筛网保存备用。

准确称取 200.0 mg 土壤样品，置于微波消解罐中，滴加实验用水至刚好湿润；加入 12 mL HNO_3 和 3 mL HCl，静置使样品充分混匀，等待反应结束后拧紧消解罐盖放入微波消解仪中。

升温程序：第一阶段从室温升至 120 ℃，升温时间 10 min，保持时间 5 min；第二阶段从 120 ℃升至 160 ℃，升温时间 5 min，保持时间 5 min；第三阶段从 160 ℃升至 200 ℃，升温时间 5 min，保持时间 30 min。

冷却至室温，拧松消解罐盖缓缓泄压放气，将消解罐中液体全部转移至聚四氟乙烯坩埚中，并用实验用水洗涤消解罐和盖子 2～3 次，洗涤液一并倒入坩埚中。

加入 2 mL HF 后将坩埚开盖置于电热板上加热，加热过程中经常摇动坩埚，至样品呈近似黏稠状；加入 1 mL $HClO_4$，高温加热至白烟冒尽，样品呈不流动的黏稠状，颜色呈白色或淡黄色。用稀硝酸（体积分数为 2%）冲洗坩埚，温热溶解残渣，定容至 50 mL。

2. 在仪器方法目录下设置参数

分析物：全波长扫描；

测定模式：水平观测；

泵速：50 r/min；

取样时间：20 s；

清洗时间：10 s。

3. 结果处理和数据分析

① 记录样品信息。

测试样品编号：

② 根据各元素特征谱线的发射波长，进行重金属元素的定性分析。

序号	特征谱线的发射波长	重元素
1		
…		

③ 结果与讨论。

五、思考题

1. 土壤样品如果不经过微波消解的预处理，能否直接用于 ICP-OES 的分析测试？请解释原因。

2. 使用 ICP-OES 进行固体样品测试时，除了微波消解法，还有哪些前处理方法？请列举出一种并简述前处理过程。

3. 请从“耕地保护是一个系统工程”的角度，简要论述原子发射光谱法测定重金属种类及含量在耕地保护方面的应用。

2.6 核磁共振波谱分析实验

2.6.1 概述

核磁共振（nuclear magnetic resonance，NMR）波谱是研究分子结构最有力的技术之一。自从 1952 年第一台商用仪器 Virian HR-30 安装在美国得克萨斯州的一家石油公司以来，核磁共振技术发展非常迅速。早期，这些带有小磁体的仪器可用于研究有机化合物中的质子（^{1}H），但只能用于研究纯液体或具有高浓度分析物的溶液。现在这种情况已经改变了，通过使用更强大的磁体，NMR 仪器和实验方法现在可用于确定大至 900 kDa 的蛋白质的 3D 结构。“魔角” NMR 仪器可用于研究固体，如聚合物，并且可以常规测量 ^{13}C、^{19}F、^{31}P、^{29}Si 和其他核。

核磁共振现象取决于原子核的性质。某些原子核具有自旋角动量，在磁场存在的情况下会产生不同的自旋态。自旋量子数不等于零的自旋子才是核磁共振活性核。当照射无线射频的能量刚好等于能量差的时候，就可以引发核自旋能级的跃迁，产生一个共振吸收信号。处于高能态的核通过非辐射途径释放能量而及时返回到低能态的过程称为弛豫。由于弛豫现象的发生，处于低能态的核数目总是维持多数，从而保证共振信号不会中止。非辐射途径的弛豫可分为纵向弛豫和横向弛豫。

核外有电子，电子在外磁场作用下将产生一个抵抗外加磁场的感应磁场，从而使核实际感受的磁场小于外加磁场，电子对核的这种作用称为屏蔽效应。相对于仪器的工作磁场强度，感应磁场很小，不同质子发生共振的频率差异十分微小（绝对化学位移）。实际测定时，将内标的核磁共振信号定为零点，记录样品中各种氢出现核磁共振的信号，即相对化学位移。^{1}H NMR 和^{13}C NMR 常用 TMS［$(CH_3)_4Si$］作内标。当质子处于屏蔽区，化学位移往高场移动；处于去屏蔽区，化学位移往低场移动。自旋子之间存在相互作用：直接相互作用（矢量耦合）和间接相互作用（标量耦合，J-耦合）。

一张质子核磁共振谱图可提供如下信息：由吸收峰的组数，可以判断有几种不同类型的 H 核；由峰的强度（峰面积或积分曲线高度），可以判断各类 H 的相对数目；由峰的裂分数目，可以判断相邻 H 核的数目；由峰的化学位移（δ 值），可以判断各类型 H 所处的化学环境；由峰的裂分外形或偶合常数，可以判断哪种类型 H 是相邻的。

核磁共振是一种定性和定量分析的方法，尤其适用于有机化合物的分析。此外，核磁共振还用于研究化学平衡、反应动力学、分子运动和分子间相互作用。

早期的低场 NMR 仪器采用固定射频、永久磁铁或电磁铁，并在磁铁的极面上安装一套亥姆霍兹线圈。通过这些线圈通电，可以稍微改变施加的磁场，使每个化学上不同的核依次进入共振。这种仪器被称为连续波（CW）或场扫描仪器。样品架放置在磁场中，两个射频线圈包围着样品，以便它们彼此垂直，并且与施加的磁场垂直。一个线圈施加恒定的射频，第二个线圈检测激发核在弛豫时发出的射频。这些系统简单耐用，但分辨率和能力有限。

对于复杂的有机结构测定，通常需要高分辨率的 NMR 仪器，即目前主流的傅里叶变换核磁共振（FT-NMR）波谱仪。FT-NMR 波谱仪最重要的部分是磁体、射频发生器和样品室或探头。核磁共振波谱仪中的磁体必须强大、稳定，并产生均匀的磁场，均匀意味着在样品占据的空间内，强度和方向不随点而变化。现代核磁共振波谱仪可以使用电磁铁或永磁体，但主要使用磁场更为强大的超导磁体。磁体（图 2-41）有一个由超导 Nb/Sn 或 Nb/Ti 线组成的主磁场线圈，主磁场线圈周围缠绕着十几个或更多的超导校正线圈，以提高磁场的均匀性。超导校正线圈浸在液氦中，磁体和液氦储存器被封闭在一个液氮储存器中，以减少更昂贵的液氦的蒸发损失。螺线管的中间有一个开放的孔，样品探头安装在孔中，还有一套室温校正线圈。这些线圈在每次将新样品放入探头时进行调整，以补偿样品的组成、体积和温度所引起的磁场变化。这个调整磁场均匀性的过程，称为"匀场（shimming）"。探头将样品固定在磁场中，包含一个空气涡轮机，在收集光谱时使样品架旋转，并且容纳用于发射和检测核磁共振信号的线圈。图 2-41 展示了一个探头的示意图。探头是核磁共振系统的核心，最重要的组件是射频发射和接收线圈。现代的核磁共振探头使用单根导线的线圈来同时激发样品和检测信号。线圈向样品发射一个强的射频脉冲，脉冲停止后，同一个线圈从弛豫的核中采集自由感应衰减信号。此外，仪器还需要一个或多个脉冲发生器、一个射频接收器、大量的电子设备和一台用于数据的计算机。FT-NMR 的灵敏度提高对于测量^{13}C 和其他丰度较低的核以及提高质子的灵敏度至关重要，以至于所有的现代核磁共振波谱仪都是傅里叶变换仪器。

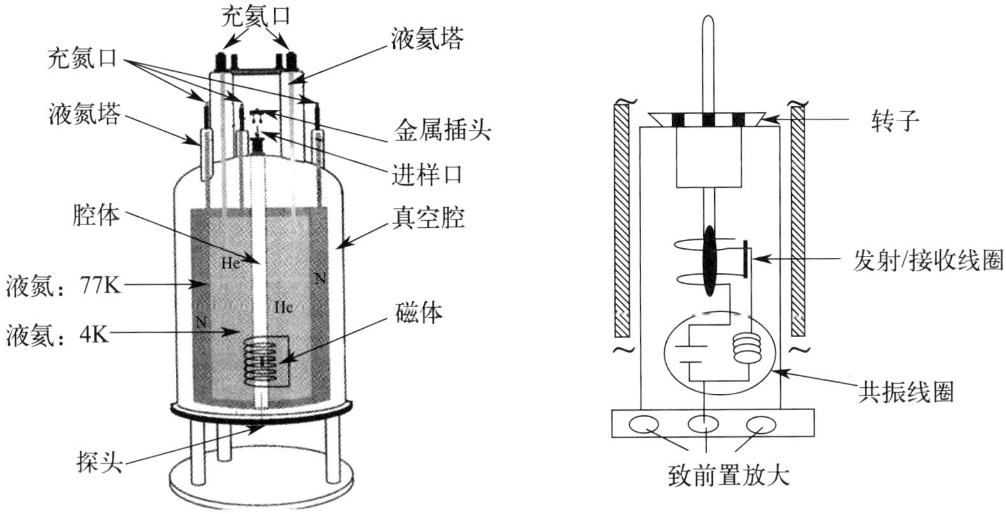

图 2-41　超导磁体（左）和探头（右）示意图

2.6.2　Bruker AVANCE NEO 600 核磁共振波谱仪的操作规程

（1）开机操作（一般情况下，该步骤学生无须操作）

① 手动开空压机电源及供气阀门。

② 手动开机柜总电源，此时 PDU 开始工作并供电给 Router。

③ 开计算机，在计算机上运行控制软件。后点击“Turn On”，机柜中各单元会根据程序自动启动，直至机柜启动完成。

④ 如果要使用自动进样器，手动将其开启。

⑤ 打开供气旋钮，接通进样器电源，拔起“Emergency Stop”按钮并等待其初始化完成。

⑥ 按下自动进样器控制面板的“Power”按钮并等待其初始化完成。

⑦ 仪器调谐及基础匀场操作。

（2）设定仪器与实验条件参数

① 在 TopSpin 命令栏输入“Icon”或者“Iconnmr”，打开 IconNMR 软件（图 2-42）。

② 点击“Automation”进入自动实验界面（图 2-43）。

③ 如图 2-43 所示，在实验列表窗口设置自动实验的数据存储路径（Disk）、实验名称（Name）、实验号（No.）、溶剂（Solvent）、实验类型（Experiment）、优先权（Pri）、参数更改（Par）及实验标题（Title/Orig）等。

④ 改动完成后，点击图 2-43 左下角的“Submit”按钮，再点击左上角的开始按钮。

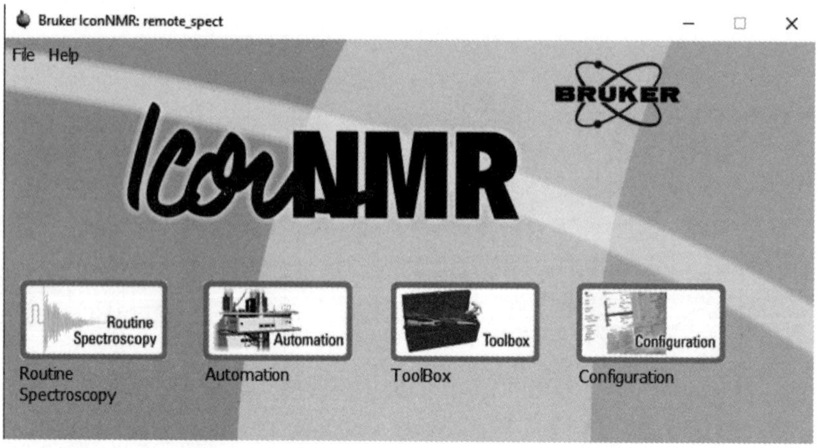

图 2-42　IconNMR 软件初始化界面

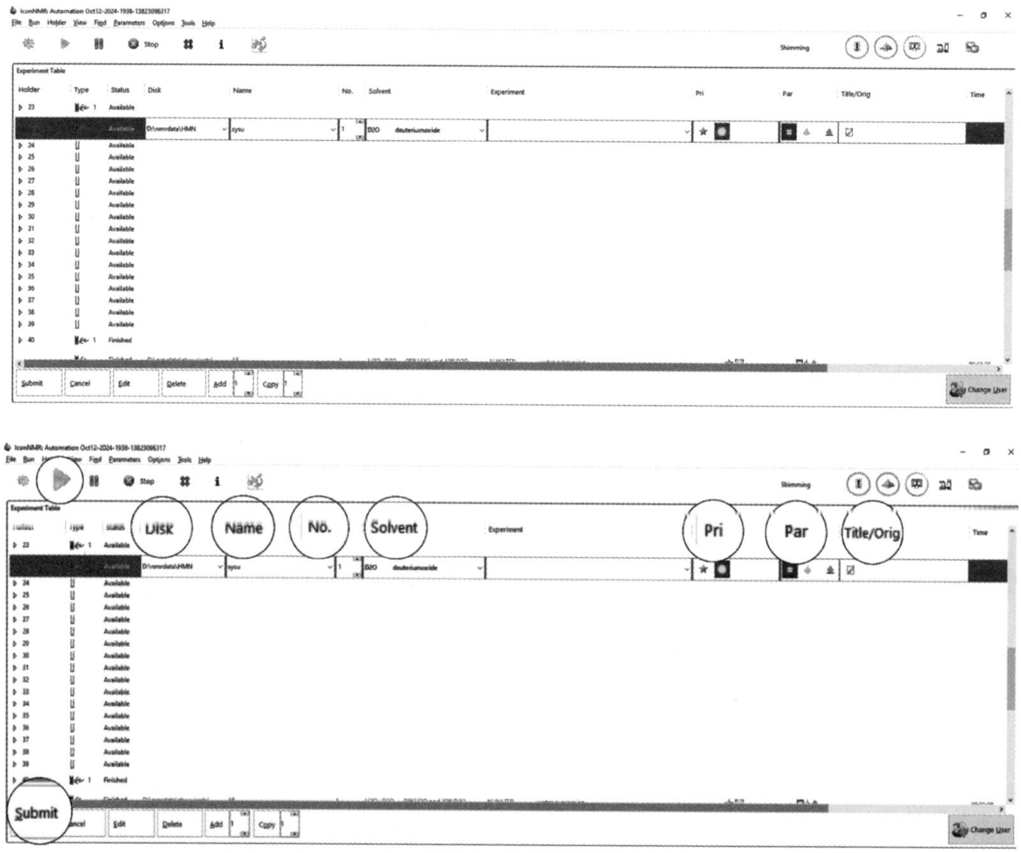

图 2-43　自动实验界面

（3）谱图处理

① 谱图变换：如图 2-44 所示，在“Process”菜单中点击“Proc. Spectrum”，数据

完成傅里叶变换。

② 调相位：如图 2-44 所示，在“Process”菜单中点击“Adjust Phase”，数据图形将进入手工调相位的子窗口，调整好 0 阶和 1 阶相位并保存退出子窗口。

③ 校准化学位移：如果需要校准化学位移，同时样品中含有 TMS，如图 2-44 所示，在“Process”菜单中点击“Calib. Axis”右侧的倒三角选项功能，在弹出的子菜单中选“Set TMS To 0 ppm（sref）”功能，软件将会把 TMS 设为 0 ppm。如果要用样品中其他的峰定标，则在“Process”菜单中直接点击“Calib. Axis”，数据图形将进入手工校位移的子窗口，校正化学位移后保存退出子窗口。

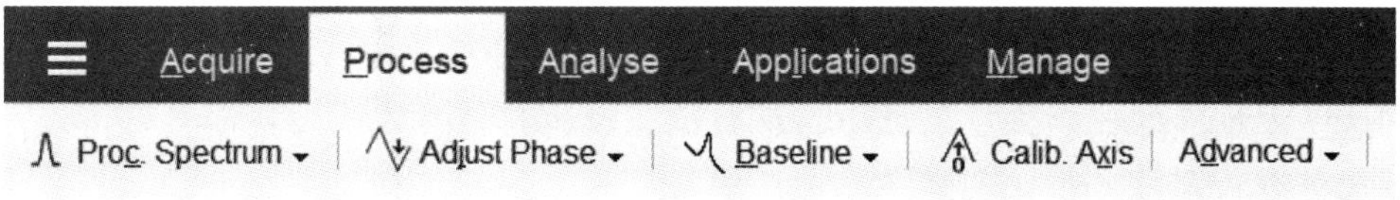

图 2-44　谱图处理

④ 峰值检测：在“Process”菜单中直接点击“Pick Peaks”，数据图形将进入手工标峰的子窗口，标定峰值后保存退出子窗口。

⑤ 积分：在“Process”菜单中直接点击“Integrate”，数据图形将进入手工积分的子窗口，积分完成后保存退出子窗口。

⑥ 画图输出：在数据集选项卡中点击“Plot”按钮进入画图界面，选择合适的 Layout，对画图进行优化后点击工作流程菜单栏中的“Publish”，选择合适的方式导出。

（4）关机操作（一般情况下，该步骤学生无须操作）

① 停止采样，停止控温、锁场，取出样品。

② 手动关闭自动进样器。

③ 控制软件输入密码后点击“Shut Down”按钮，软件自动按程序关闭机柜中各单元。

④ 关闭软件，关闭工作站。

⑤ 手动关闭机柜总电源、空压机供气阀门及电源。

2.6.3　实验部分

实验 1
核磁共振氢谱测定变性乙醇中的添加剂

一、实验目的

1. 熟悉核磁共振氢谱（^1H NMR）的基本原理及基本操作。

2. 了解利用核磁共振氢谱的定性分析方法。

3. 学习核磁共振氢谱的谱图解析。

二、基本原理

变性乙醇，即工业酒精，乙醇含量一般为95%和99%。变性乙醇一般含有少量甲醇、异丙醇、醛类等杂质，具有一定的毒性。饮用工业酒精后会引起中毒，甚至死亡。因此，对变性乙醇的添加剂进行检测十分必要。

乙醇的核磁共振氢谱中，甲基氢的化学位移约为1.2，峰形一般为三重峰；亚甲基氢的化学位移约为3.6，峰形一般为四重峰。甲醇的核磁共振氢谱中，甲基氢的化学位移约为3.4，峰形为单峰。异丙醇的核磁共振氢谱中，甲基氢的化学位移约为1.2，峰形为单峰。醛类化合物的核磁共振氢谱中，醛基氢的化学位移为9～10，峰形为单峰。乙醇和这些添加剂的核磁共振氢谱中特征峰的化学位移值和峰形特征明显，可以通过核磁共振氢谱进行定性分析。乙醇及变性乙醇常见添加剂的结构见图2-45。

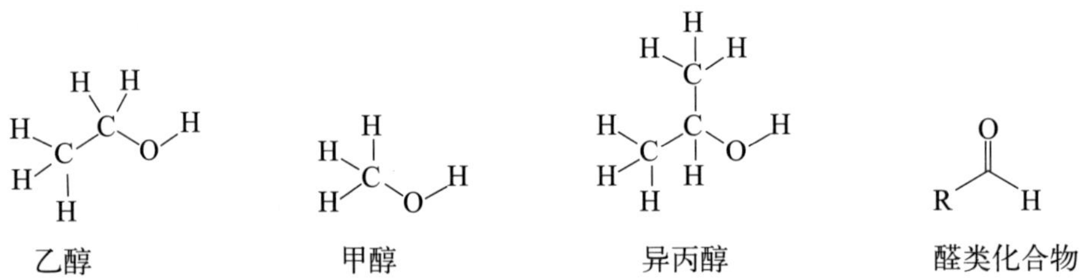

图 2-45 乙醇及变性乙醇常见添加剂的结构

三、仪器与试剂

1. 仪器

核磁共振波谱仪（Bruker AVANCE NEO 600）、5 mm Z梯度宽频二合一探头、自动进样器。

2. 试剂

变性乙醇、氘代氯仿。

四、实验操作

1. 样品前处理

往5 mm核磁管中加入10 μL变性乙醇和约500 μL氘代氯仿，震荡混合均匀，盖上核磁管帽。将样品套上转子，放入定深量筒中调整样品高度。调整完毕后取出样品，上机检测。

2. 设置自动进样参数

在与自动进样器对应的位置（Holder）设置以下参数：

修改数据存储路径（Disk）：自定义；
修改样品名称（Name）：自定义；
选择氘代溶剂（Solvent）：$CDCl_3$；
选择实验类型（Experiment）：Proton；
参数更改（Par）里设置采样次数：16。
改动完成后，点击左下角的“Submit”按钮，再点击左上角的开始按钮。

3. 结果处理和数据分析

① 记录样品信息。
测试样品编号：
② 对谱图进行傅里叶变换、基线校正和相位校正。
③ 标记化学位移、峰形、积分，计算耦合常数。

序号	化学位移	峰形	积分	氢原子数目	耦合常数/Hz(如有)
1					
…					

④ 推测各组氢原子的归属，并分析添加剂的成分。
⑤ 结果与讨论。

五、思考题

1. 核磁共振氢谱可以提供化合物结构的哪些信息？
2. 该实验中，使用氘代氯仿作为测试溶剂优于氘代二甲基亚砜，为什么？
3. 变性乙醇俗称工业酒精，是指在乙醇中加入添加剂，使其不能饮用，只能用于工业用途。添加剂之一的甲醇毒性较大，需要严格控制用量。请从“人类健康”的角度，简述核磁共振方法在食品安全方面的应用。

实验 2 核磁共振碳谱测定对氨基苯甲酸中的碳原子种类

一、实验目的

1. 熟悉核磁共振全去耦碳谱的基本原理及基本操作。
2. 了解无畸变极化转移增强（DEPT）技术，并利用其解析谱图中的伯碳、仲碳、叔碳和季碳。

二、基本原理

对氨基苯甲酸（4-氨基苯甲酸，简称为 PABA），常见于生物化学、药物化学和许多工业应用领域中。PABA 可用作许多细菌、酵母和植物合成叶酸的底物。PABA 对肠炎沙门氏菌和大肠杆菌具有抗菌活性，同时具有多种抗病毒和抗氧化作用，联合一些抗生素可对金黄色葡萄球菌或铜绿假单胞菌具有协同抗菌效力。PABA 及其衍生物已被利用作为防晒霜中的活性成分，可以防止 UVB 照射。4-氨基苯甲酸钾主要用于治疗皮肤病，如硬皮病、皮肌炎和佩罗尼氏病。在农业领域，PABA 可提高植物对细菌和病毒病原体的抗性及展现植物生长调节剂属性。

如图 2-46 所示，对氨基苯甲酸结构中含有叔碳和季碳（羰基碳和芳香碳），全去耦碳谱可以测定所有的碳原子种类，DEPT90 谱只出叔碳且为正峰。因此，结合全去耦碳谱和 DEPT90 谱，可确定对氨基苯甲酸结构中叔碳和季碳的化学位移并进行初步的谱峰归属。

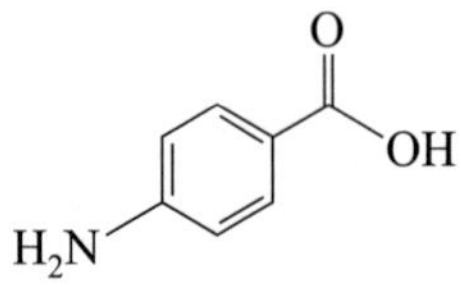

图 2-46 对氨基苯甲酸的结构

三、仪器与试剂

1. 仪器

核磁共振波谱仪（Bruker AVANCE NEO 600）、5 mm Z 梯度宽频二合一探头、自动进样器。

2. 试剂

对氨基苯甲酸、DMSO-d_6。

四、实验操作

1. 样品前处理

往 5 mm 核磁管中加入 30 mg 对氨基苯甲酸和约 500 μL DMSO-d_6，震荡混合均匀，盖上核磁管帽。将样品套上转子，放入定深量筒中调整样品高度。调整完毕，取出样品，上机检测。

2. 设置自动进样参数

在与自动进样器对应的位置（Holder）设置以下参数：

修改数据存储路径（Disk）：自定义；

修改样品名称（Name）：自定义；

选择氘代溶剂（Solvent）：DMSO-d_6；

选择实验类型（Experiment）：C13CPD；

参数更改（Par）设置采样次数：512。

在上述对应的位置（Holder），新增实验类型（Experiment）C13DEPT90，其他参数设置不变。

改动完成后，点击左下角的“Submit”按钮，再点击左上角的开始按钮。

3. 结果处理和数据分析

① 记录样品信息。

测试样品编号：

② 对谱图进行傅里叶变换、基线校正和相位校正。

③ 标记化学位移，确定碳原子种类。

序号	化学位移	碳原子种类
1		
…		

④ 结果与讨论。

五、思考题

1. 核磁共振碳谱可以提供化合物结构的哪些信息？
2. 如何通过全去耦碳谱结合 DEPT 90 谱，确定化合物的碳原子种类？

2.7 X射线衍射分析实验

2.7.1 概述

X 射线衍射（X-ray diffraction，XRD）是一种广泛应用在化工实验中的分析技术。X 射线衍射可以实现物相分析、晶胞参数、晶粒尺寸和点阵畸变的测定以及介孔材料和长周期材料的低角度区衍射等功能。

X 射线，是一种具有很短波长的高能电磁辐射，通常由高速带电粒子轰击金属靶产生。高速带电粒子轰击靶材时，其动能部分转换成光能，以 X 射线形式发射出来。X 射线波长范围为 0.1～100 Å（1 Å$=10^{-10}$ m），波长范围介于 γ 射线和紫外线之间。

特征 X 射线是元素固有的，与元素的原子序数相关。特征 X 射线与靶材原子结构之间存在着数学关系，在一定条件下，即样品表面光滑、组成均匀、元素间无相互激发时，特征 X 射线强度与分析元素含量之间存在线性关系。X 射线照射试样，试样的各元素被激发，辐射出元素的特征 X 射线，这些 X 射线投射到分光晶体表面，再根据布拉格方程 $n\lambda=2d\sin\theta$（n 是正整数，λ 是入射 X 射线的波长，d 是晶体的晶面间距，θ 是入射 X 射线与相应晶面的夹角）产生衍射，按照波长的顺序排列成光谱（图 2-47）。

布拉格方程确定衍射方向。检测器在不同 2θ 角度上检测，将 X 射线信号转变为脉冲电信号，并通过电路将其放大，经计算机处理后输出。得到的元素特征波长可以定性分析，谱线强度可以定量分析。已知 d，测量 θ，用布拉格方程可以求特征 X 射线的 λ，通过 λ 判断出对应的元素。此外还可以通过已知的入射 X 射线波长以及测量的 θ 值，应用布拉格方程求晶面间距，再测定晶体结构或进行物相分析。

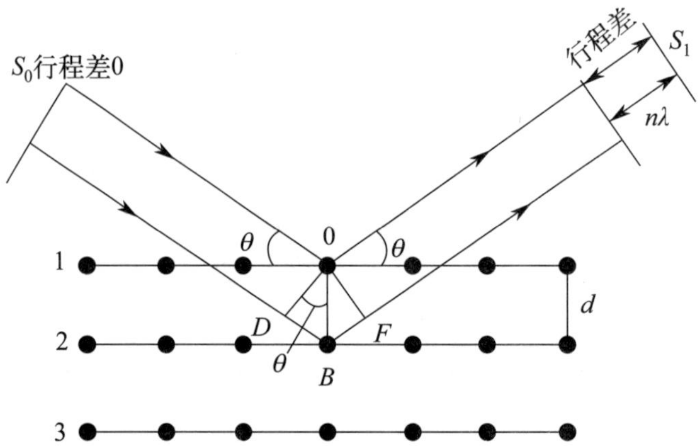

图 2-47　布拉格方程确定衍射方向

2.7.2　X 射线衍射仪的操作规程

2.7.2.1　实验条件的选择

（1）X 射线管靶材料的选择

靶材是 X 射线的制造者，选择合适的靶材对 X 射线管至关重要，不同的靶材可以产生不同能量和波长的 X 射线。用于粉末晶体衍射的 X 射线的波长通常在 0.5～2.5 Å，波长越长，样品和空气对波长的吸收越大。波长过短，衍射线条集中在低角度区域，这可能导致荧光辐射。

（2）X 射线管的管压、管流和时间的选择

管压决定 X 射线的硬度，随着管压的增大，X 射线中的特征波长和连续波长也将增加，使得滤波片难以滤除连续波，因此需要选择合适的管压。管流和时间的乘积决定 X 射线的量，管压、管流和时间三者的乘积是输入 X 射线管的能量，单次输入能量要小于射线管的额定热容量，否则会烧毁 X 射线管。

（3）滤波片的选择

采用滤波片是为了滤去不需要的辐射而获取单色射线，特征谱是由 K_α 线和 K_β 线组成的，需要滤去 K_β 线，获得 K_α 线。

（4）狭缝参数的选择

狭缝的大小对衍射强度和分辨率都有影响，大狭缝可以得到较大的衍射强度，但会降低分辨率；而小的狭缝可以提高分辨率，但是会损失强度。X 射线衍射仪光路有五个狭缝：两个索拉（Sollar）狭缝、发散狭缝、散射狭缝和接收狭缝。

① 索拉狭缝限制 X 射线的垂直发散度，其发散度的大小对强度和分辨率都有很大影响。

② 发散狭缝限制样品表面初级 X 射线的水平发散度，加大狭缝分辨率降低。

③ 散射狭缝减少非相干散射及本底等因素造成的背景，提高峰背比。它与发散狭缝使用相同角度。

④ 接收狭缝位于衍射线的焦点，用于限定进入探测器的 X 射线。较小的接收狭缝提高分辨率，较大的接收狭缝提高衍射强度。

2.7.2.2 实验操作

（1）样品制备

① 粉末样品制备：

X 射线衍射时，对于粉末样品，适宜的晶粒大小在 200～300 目，需要将样品进行研磨过筛。对于软而不便研磨的物质，可冷却变脆后再研磨。细小的粉末颗粒使样品在光照时有足够多数目的晶粒，并保证晶粒的取向完全随机，才能获取正确的粉末衍射图谱数据。

② 块状样品制备：

对于非断口的金属块试样，需要了解金属自身的相组成和结构参数时，应尽可能将其研磨成平坦的表面，并进行简单的抛光，以去除金属表面的氧化膜与消除表面应变层；对于薄膜样品，其厚度应大于 20 nm，并在测试前检验和确定衬底的取向，如果表面很不平整，可以根据实际情况用导电胶或橡胶泥固定样品，样品表面应尽可能平整；对于片状和圆柱形试样，可能存在严重的择优取向，导致衍射强度异常，在这种情况下，应在测试过程中合理选择响应方向平面；对于断口、裂纹的样品，要求断口尽可能平整，并提供断口包含的元素。

（2）样品扫描

在“New program”中编好测试程序，点击“Open program”“Measure”和“Program”，采集数据，在“Highscore”中处理谱图。

（3）物相鉴定

每个晶体内的原子排序是一定的，衍射线的相对强度也一定。晶体的 X 射线衍射有特定的衍射结果，可以定性地鉴定物料。在实际的 X 射线物相分析工作中，通过对比从浩瀚的物质海洋中鉴别出实验物质极其困难，为了快速找到所需物质，需要使用索引。目前常用到的索引有两种，数字索引和字母索引。

2.7.3 实验部分

实验

粉末 X 射线衍射法测定未知晶体结构

一、实验目的

1. 了解 X 射线衍射仪的结构和工作原理。

2. 学习 X 射线衍射仪的使用方法。

3. 了解 X 射线的安全防护规定和措施。

4. 学习使用 X 射线衍射图进行物相分析。

二、基本原理

单色 X 射线照射到粉末晶体或多晶样品上，得到的衍射图称为粉末图，用粉末图解决相关问题的方法称为粉末法。规律性的衍射图谱能够表征晶格的基本性质，衍射线条出现的角度可以由布拉格方程判断，只有符合布拉格方程的入射角才能在衍射图上看到衍射线。

每一种结晶物质都有其特定的原子种类、原子排列方式和点阵参数，有其独特的化学组成和晶体结构。所以当 X 射线被晶体衍射时，如同人的指纹一样，每一种晶体都有自己独特的衍射花样，衍射线的位置仅与原子排列周期相关，而强度取决于原子的种类、数量及相对位置等。辨别物相晶体结构依据衍射线的位置和衍射强度。

三、仪器与试剂

1. 仪器

XRD 6000 X 射线衍射仪、玛瑙研钵、样品板。

2. 试剂

待测样品。

四、实验操作

1. 样品准备

在玛瑙研钵中将样品研细，将干燥样品板有孔面朝上放在玻璃板上，粉末加到样品板孔中，略高于样品板，另用一种玻璃片将样品压平、压实除去多余样品。对准中线将样品板插入衍射仪的样品台上。

2. X 射线衍射仪操作条件

Cu 为靶材产生 K_{α} 辐射源，管电压为 35 V，管电流为 20 mA，限制狭缝为 1°，发射狭缝为 1°，接收狭缝为 0.3 mm。扫描速度为 4°/min，时间常数为 0.1×2，记录纸速度为 40 mm/min，角度范围为 5°～35°。

3. X 射线衍射仪操作步骤

① 打开总开关，再将水冷设备打到“运行”状态，然后打开 XRD 主机及电脑，开始预热，预热时间大约为 0.5 h。

② 将制备好的样品插入主机样品台上，关闭主机门。

③ 点击桌面“Display & Setup”，点击“Close”测角仪归零，再点击“OK”。

④ 点击“Right Gonio Condition”，双击空白处，出现“Standard Condition Edit”对话框，设定角度范围、扫描步长、扫描速度、管电流、管电压等实验条件。给样品取

名。点击“Right Gonio Analysis”。

⑤ 点击“Append”“Start”，进入“Right Gonio Analysis”画面，点击“Start”，仪器开始测试。

⑥ 点击“Basic Process”进行数据处理，得到 2θ、d 值、半峰宽、强度数值等数据。

⑦ 测试结束后将数据保存、命名。关闭主机，20 min 后方可关闭冷水，关闭计算机，在设备上盖上护套，最后关闭开关柜中相应的电闸。

五、数据记录与结果处理

1. 根据每个衍射峰的 2θ 值求出对应的 d 值，并按其相对强度 I/I_0 的大小排列。

2. 通过索引，对比数据结果分析未知样品。

3. X 射线对人体有害，在实验过程中需要注意防护。

六、思考题

1. 用衍射图鉴定物相的物理基础是什么?

2. 实验中如何得到一张良好的衍射图?

3. 国家重点工程中管道腐蚀程度的监测、检测非常重要，请简述 XRD 技术在港珠澳大桥、深中通道等跨海大桥服役过程中日常检查方面的应用。

第3章

色谱-质谱联用分析实验

3.1 气相色谱-质谱联用分析实验

3.1.1 概述

气相色谱（gas chromatography，GC）技术和质谱（mass spectrometry，MS）技术有许多共同点：①气相色谱分离过程在气态下进行，而大部分的质谱分析也都是在气态下进行的；②气相色谱分析的化合物沸点范围适用于质谱分析；③气相色谱法和质谱法的检测灵敏度相当；④气相色谱法和质谱法对样品的制备和预处理要求接近；⑤气相色谱法和质谱法两种技术都是分析复杂混合物的理想工具。这些共同点，使得气相色谱和质谱联用时，无论色谱还是质谱仪器在结构上几乎不必作大的改动，不同档次的气相色谱仪和质谱仪都可以组成形式多变的联用系统。唯一需要解决的问题是，将气相色谱的出口与质谱的进样口连接后要保证质谱在高真空下正常工作，去掉大量载气的同时保证样品中各组分不发生大的损失和性质的改变，这就是所谓的接口技术。接口技术的发展与完善主要体现在以下三方面：①气相色谱柱出口气体压力和质谱正常工作所需要的高真空的适配；②质谱扫描速度和色谱峰流出时间的相互适应；③色谱和质谱信号的同步性，以获得完整的色谱、质谱图。为保证质谱的高真空工作特性，在使用填充气相色谱柱时采用复杂的分流技术辅以高真空泵除去大量的载气和杂质，而广泛使用的毛细管柱气相色谱则只需要一根可控温的导管辅以高真空泵如分子涡轮泵就可成功实现GC-MS联用。实际上，色谱-质谱联用可以简单地将质谱仪看作是色谱的一个检测器（图3-1）。

最为常见的气质联用仪（GC-MS）一般采用电子轰击电离（EI）源，所得到的谱图可与标准谱库对比。由于计算机运算速度很快，几秒钟就可以完成一次搜索，若谱库中有该化合物的质谱图，则可以从谱库中找出和待测物质谱图相对应的谱图。但应注意，影响谱库检索结果的因素很多，有时不能简单地认定检索结果就是待测物的分子结构，除考虑匹配度外，还应根据相应化合物的质谱裂解规律结合经验来进行结构推证。

谱库检索作为定性分析的辅助手段应用十分广泛，通常 GC-MS 仪器的数据系统软件都配有不同的质谱数据库和谱库检索程序，不同的检索程序采用的检索规则不完全相同，不是简单地将未知谱直接去和参考谱对比。首先要对谱图进行简化和筛选，然后再进行比较，比较后计算相似系数，最后按匹配度排序输出。不同检索程序的差别主要是谱图简化方式和相似系数的计算方法有所不同。此外，标准谱图本身的好坏也会影响检索的结果。习惯上称数据库中的谱图为“标准谱图”，其收集的谱图尽管都是经过一定评估和筛选的纯化合物的正常 EI（70 eV）谱，但由于谱图的来源不同，所用仪器类型、操作条件也不尽相同，因此不可避免地会有疏漏。例如数据库中同一化合物可能有多张谱图，由于操作条件不同，相同化合物的谱图的质量范围和相对强度都会有差别。极端情况下个别的谱图甚至是错误的。

GC-MS 联用的样品前处理与单独使用气相色谱基本相同。原则是使待测组分的沸点、色谱稳定性及其浓度达到分析的要求。根据样品来源及分析目的的不同需要，样品前处理可以采用液-液萃取、液-固萃取、超临界萃取、吸附技术、索氏提取、浓缩、衍生化等手段。在前处理过程中要注意不破坏样品中的待测组分（衍生化除外），尽可能减少待测组分的丢失，尽量避免样品在前处理过程中发生化学变化以及对气质联用引入本底干扰和离子源的污染。因此，必须对使用的溶剂进行空白实验，必要时需要重蒸溶剂。对于采用毛细管柱色谱的定性分析，样品的最大进样量通常为每个组分 100 ng 或者是 1 μL 浓度为 1 mg/mL 的事先经过干燥剂过滤处理的样品。

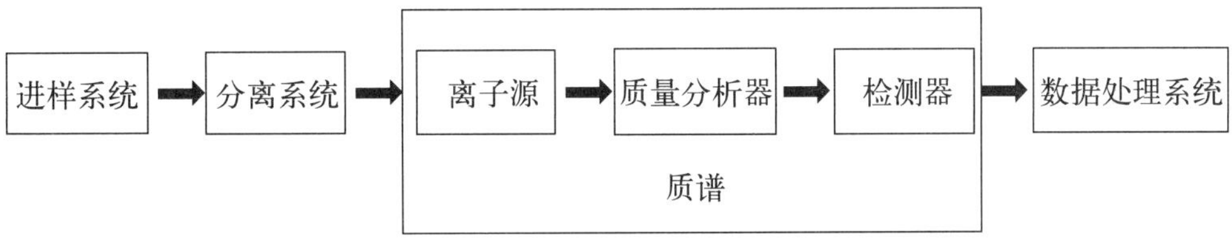

图 3-1　GC-MS 原理组成图

3.1.2　Thermo Fisher Trace 1300 ISQ7000 气相色谱-质谱联用仪的操作规程

（1）开启气相色谱-质谱联用仪（一般情况下，该步骤学生无须操作）

① 打开 He 气钢瓶的开关，确认总压大于 2 MPa，分压调至 0.5 MPa。

② 打开排风。

③ 打开稳压电源开关，检查电源电压输出是否稳定且零地电压是否小于 1 V。

④ 打开仪器左侧主电源开关——ON 位置，此时机械泵也会随之启动。

⑤ 依次打开 GC 和 MS 总电源开关，电脑打开 TraceFinder 软件。等待仪器自检，直到 TraceFinder 软件仪器实时状态显示栏里出现 Ready to download。

⑥ 在 ISQ Dashboard 中选择 Method Editor/Trace1300 GC 中的 Get Method form GC 查看仪器当前参数设置，将 S/SL Inlet Temperature 勾选上（设定值一般为 250 ℃），检查确认 Carrier Mode 选择 Constant Flow，Carrier Flow 勾选并设定数值，流速为 1.0 mL/min，Carrier Options 中的真空补偿和载气节省状态一并勾选，其他参数直接接受默认值，待所有参数设置完成后选择 Trace1300 菜单中的 Send Method TO GC，将所有参数发送给仪器。

⑦ 在 ISQ Dashboard 中查看 ISQ 当前状态，在打开 MS 电源后的几分钟之内，真空度应迅速达到 500 mTorr（1 mTorr=0.1333 Pa）之内，分子涡轮泵开始启动，待转速达到 100%之后，于 ISQ Dashboard/Instrument Control 中设定 MS transfer line Temp 至 250 ℃，Ion source Temp 至 280 ℃，发送参数给仪器。

⑧ 在仪器状态栏下观察 Trace Finder/Real time status/Devices/界面中各模块仪器状态：

a. 等待 GC 进样口温度、载气流量和分流比达到设定值；

b. 等待 MS 传输线温度和离子源温度达到设定值，且 Turbo-pump Speed 为 100%，前级泵压力（foreline pressure）所显示压力值<80 mTorr 并稳定。

（2）设定仪器与实验条件参数

改动完成后，点击保存按钮，经修改后的方法被保存，后续测试可直接调用。

（3）设置自动进样参数

修改样品名称（Name）；

修改样品类型（Type）；

修改样品瓶位置（Position）；

修改进样体积（Volume）；

选择所用仪器方法（Instrument Method）。

改动完成后，点序列上方的保存按钮，经修改后的样品序列被保存。如果要立即进样，可点击样品序列中的开始键。

（4）关闭气相色谱-质谱联用仪（一般情况下，该步骤学生无须操作）

① 在 ISQ Dashboard/Instrument Control 中，先设定 MS transfer line Temp 至 50 ℃，Ion source Temp 至 50 ℃，发送参数给仪器，后点击 Shut down，等待 Turbo-pump Speed 为 0%，各温度降至 100 ℃以下，选择关闭 MS 的电源。

② 在 ISQ Dashboard 中选择 Method Editor/Trace1300 GC 中的 Get Method form GC 查看仪器当前参数设置，将 S/SL Inlet Temperature 勾选去除，再选择 Trace1300 菜单中的 Send Method to GC，将现有参数发送给仪器，待进样口温度降至 100 ℃以下后，关闭 GC 的电源。

③ 关闭钢瓶总阀及分压阀。

（5）浏览数据及手动谱库检索

如图 3-2 所示，双击序列表中某个数据，切换进入色谱数据处理区“Chromatography Studio”。点击校正和处理方法“Calib & PM”图标，进入处理方法界面，在此界面内可以浏览数据并进行谱库检索。

点击功能区中的色谱图“Chromatogram”和质谱图“MS Spectra”图标，可浏览色谱图和质谱图（图 3-3）。

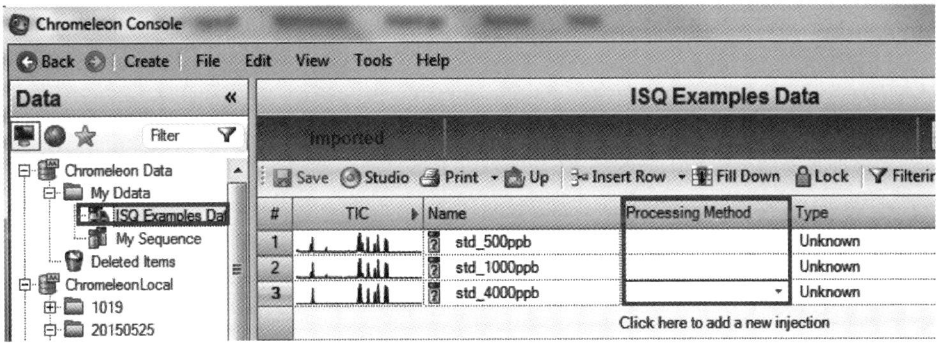

图 3-2　浏览数据

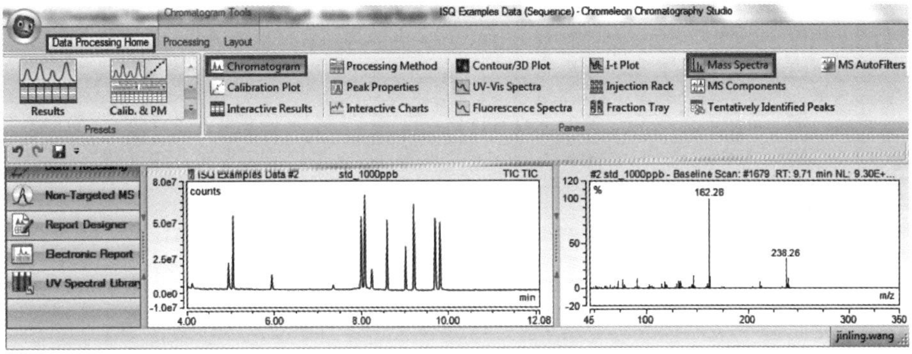

图 3-3　浏览色谱图和质谱图

如图 3-4 所示，在页面布局“Layout”界面中，点击“Time Spectra Tool”后，鼠标点击色谱峰即可查看该色谱峰对应的质谱图。点击“Baseline Correction Tool”后，鼠标挪在色谱峰基线范围会出现图标，在色谱峰左右基线范围内拉一段，即扣除了色谱峰两侧的背景。

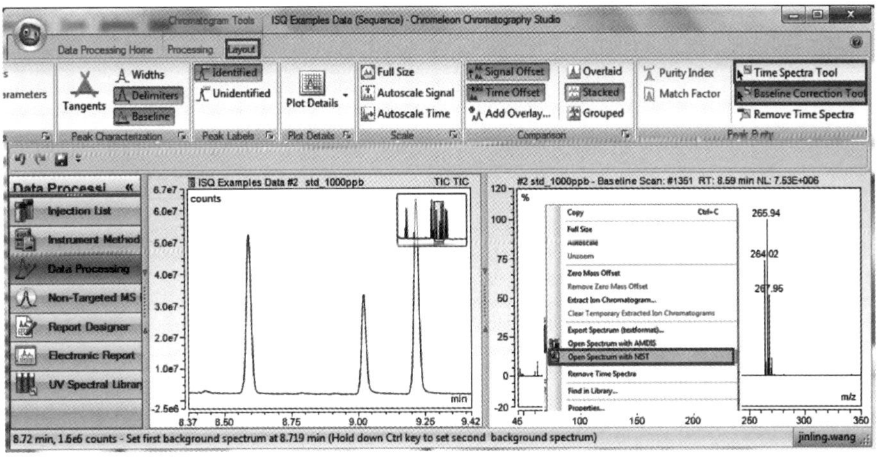

图 3-4　扣除色谱峰两侧背景

如图 3-5 所示，扣除背景后，在质谱图界面内点击右键，选择“Open Spectrum with NIST”即可查看该色谱峰对应的谱库检索结果。

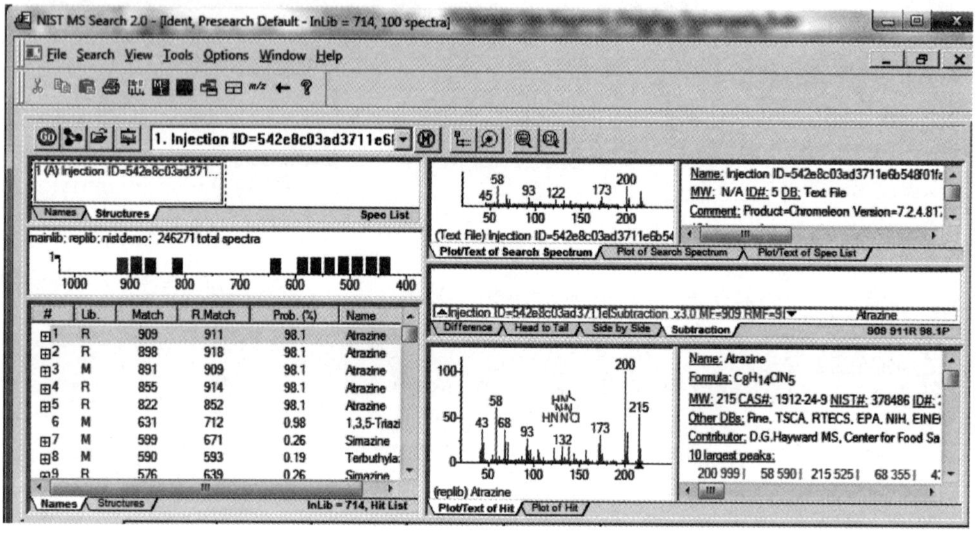

图 3-5 谱库检索

3.1.3 实验部分

实验 1
气相色谱-质谱联用鉴定乳制品中的添加剂成分

一、实验目的

1. 学习气相色谱-质谱联用仪的基本原理及基本操作。
2. 了解利用气相色谱-质谱联用仪定性鉴定挥发性混合物的方法。
3. 学习质谱标准谱库的检索方法。

二、基本原理

香兰素、甲基香兰素、乙基香兰素作为食品添加剂，广泛用于巧克力、冰淇淋、糕点、糖果和乳制品等食物中。香豆素是具有新鲜香草气味的内酯类化合物，在芸香科和伞形科植物中广泛存在，其衍生物如 7-甲基香豆素、7-甲氧基香豆素、二氢香豆素、7-乙氧基-4-甲基香豆素和环香豆素等可能被用作香豆素替代物添加到食品中。这一类型的添加剂属于易挥发的有机小分子，可以采用 GC-MS 进行鉴定。常见添加剂的结构如图 3-6 所示。

三、仪器与试剂

1. 仪器

Thermo Fisher Trace 1300 ISQ7000 气相色谱-质谱联用仪、EI 源、单四极杆质量分析器、自动进样器。

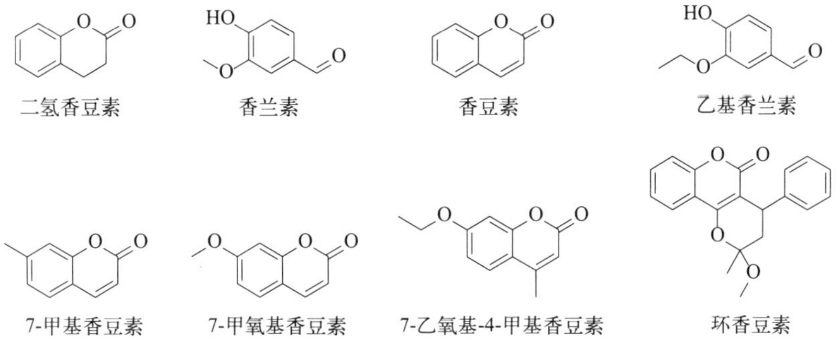

图 3-6 常见添加剂的结构

2. 试剂

香精标准品：二氢香豆素、香兰素、香豆素、乙基香兰素、7-甲基香豆素、7-甲氧基香豆素、7-乙氧基-4-甲基香豆素、环香豆素。

色谱纯试剂：甲醇。

四、实验操作

1. 样品前处理

准确称取液体乳制品 1 g，置于 50 mL 离心瓶中，加入 15 mL 甲醇，涡旋 1 min，低温离心（4 ℃，8000 r/min）5 min，取 1 mL 上清液，用干燥剂过滤后，上机检测。

2. 在开机状态下设置仪器参数

色谱柱：TraceGOLD TG-5HT 柱（30 m×0.25 mm×0.25 μm，Thermo Fisher 公司）；

进样口温度：280 ℃；

进样方式：分流进样，分流比 20∶1；

载气：氦气（≥99.999%），流量 1.0 mL/min；

程序升温：初始温度 80 ℃，以 20 ℃/min 的速率升温至 170 ℃，保持 1 min，以 60 ℃/min 的速率升温至 300 ℃，保持 10 min；

质谱传输线温度：300 ℃；

离子源温度：300 ℃；

电子轰击电离（EI）源电子能量：70 eV；

溶剂延迟：3 min；

扫描方式：scan；

质荷比扫描范围：50～350。

改动完成后，点击保存按钮，经修改后的方法被保存，后续测试可直接调用。

3. 设置自动进样参数

修改样品名称（Name）；

修改样品类型（Type）；

修改样品瓶位置（Position）；

修改进样体积（Volume），进样量为 1.0 μL；

选择所用仪器方法（Instrument Method）。

改动完成后，点序列上方的保存按钮，经修改后的样品序列被保存。如果要立即进样，可点击样品序列中的开始键。

4. 结果处理和数据分析

① 记录样品信息。

测试样品编号：

② 记录各个色谱峰信息以及谱库检索结果。

序号	保留时间/min	m/z	化合物名称
1			
…			

③ 简单分析 EI 质谱图的主要质谱峰。

④ 结果与讨论。

五、思考题

1. 为什么定性分析香兰素、甲基香兰素、乙基香兰素以及它们的衍生物可以采用 GC-MS？

2. 通过谱库检索得出的结果是否一定正确，为什么？

3. 确保人民群众“舌尖上的安全”是国家和企业的共同责任，请简述 GC-MS 技术在食品安全检测尤其是乳制品检测方面的重要性。

实验 2 气相色谱-质谱联用分析微藻中的脂肪酸种类

一、实验目的

1. 学习气相色谱-质谱联用仪的基本原理及基本操作。

2. 了解利用气相色谱-质谱联用仪定性鉴定脂肪酸的方法。

3. 学习质谱标准谱库的检索方法。

二、基本原理

微藻是一类单细胞生物，通过光合作用和细胞代谢途径合成各种脂肪酸，并以脂质的形式储存在细胞内或用于细胞膜的构建。微藻中的脂质在生产、保存和利用过程中，可降解为游离脂肪酸，使得微藻成为一种富含游离脂肪酸的生物资源。这些游离脂肪酸被提取后可以转化为多种增值产品，如生物润滑剂、抗菌剂和生物燃料等。微藻中的大多数脂肪酸分子碳链长度通常在 14～22 个碳之间，并且含偶数碳，其中又以 16 个碳和 18 个碳的脂肪酸最常见（图 3-7）。这些脂肪酸通过简单的衍生化之后，成为易挥发的有机酯类小分子，可以采用 GC-MS 进行鉴定。

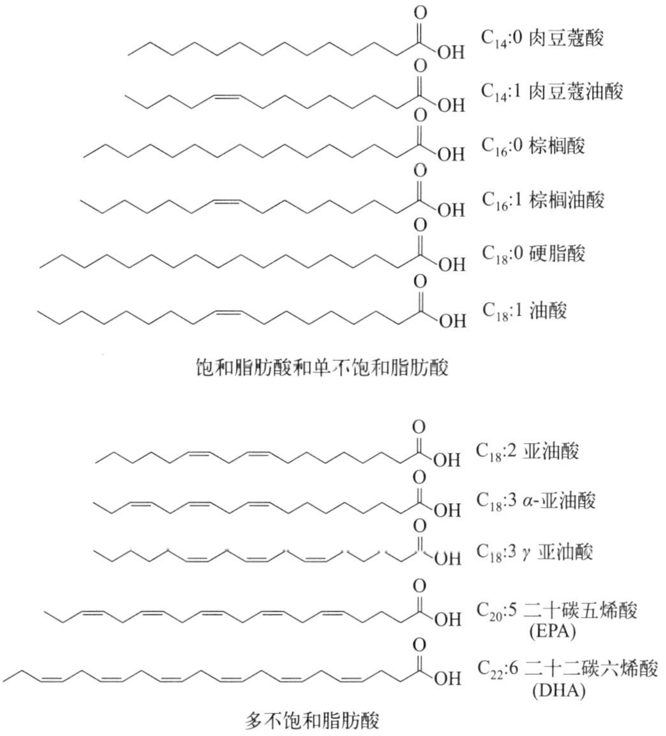

图 3-7 微藻中常见脂肪酸的结构

三、仪器与试剂

1. 仪器

Thermo Fisher Trace 1300 ISQ7000 气相色谱-质谱联用仪、EI 源、单四极杆质量分析器、自动进样器。

2. 试剂

海藻藻粉、三氟化硼-甲醇溶液、甲醇、氯仿、正己烷、纯水、氯化钠水溶液。

四、实验操作

1. 样品前处理

① 准确称取研磨破壁后的海藻粉 1 g，置于 50 mL 离心瓶中，加入 20 mL 甲醇混合均匀，随后加入 10 mL 氯仿和 10 mL 水，涡旋混合 60 s。离心（20 ℃，8000 r/min）5 min，收集有机相，旋蒸除去溶剂得到提取物。

② 用 4 mL 14%三氟化硼-甲醇和 8 mL 甲醇的混合溶液，将上述提取物转移至 20 mL 的微波反应管中，100 ℃微波加热 5 min。反应结束后，将反应液转移至 50 mL 分液漏斗中，加入 10 mL 氯化钠水溶液（3%）和 10 mL 正己烷萃取。正己烷相用干燥剂过滤后，上机检测。

2. 在开机状态下设置仪器参数

色谱柱：TraceGOLD TG-5HT 柱（30 m×0.25 mm×0.25 μm，Thermo Fisher 公司）；

进样口温度：280 ℃；

进样方式：分流进样，分流比 20∶1；

载气：氦气（≥99.999%），流量 1.0 mL/min；

程序升温：初始温度 50 ℃，保持 1 min，以 50 ℃/min 的速率升温至 250 ℃，保持 5 min；

质谱传输线温度：250 ℃；

离子源温度：280 ℃；

电子轰击电离（EI）源电子能量：70 eV；

溶剂延迟：3 min；

扫描方式：scan；

质荷比扫描范围：50～500。

改动完成后，点击保存按钮，经修改后的方法被保存，后续测试可直接调用。

3. 设置自动进样参数

修改样品名称（Name）；

修改样品类型（Type）；

修改样品瓶位置（Position）；

修改进样体积（Volume），进样量为 1.0 μL；

选择所用仪器方法（Instrument Method）。

改动完成后，点序列上方的保存按钮，经修改后的样品序列被保存。如果要立即进样，可点击样品序列中的开始键。

4. 结果处理和数据分析

① 记录样品信息。

测试样品编号：

② 记录各个色谱峰信息以及谱库检索结果。

序号	保留时间/min	m/z	脂肪酸名称
1			
…			

③ 简单分析 EI 质谱图的主要质谱峰。

④ 结果与讨论。

五、思考题

1. 采用 GC-MS 并使用弱极性色谱柱定性分析有机脂肪酸小分子，为什么需要进行衍生化？

2. GC-MS 结合弱极性色谱柱进行羧酸小分子检测时，请提出除本实验方法之外的另外一种羧酸小分子的衍生化方法。

3. 微藻通过自身的光合作用，将二氧化碳转化为各种含碳有机物。请从“碳达峰和碳中和”的角度，简述 GC-MS 技术在微藻生物柴油研发领域的应用。

实验 3
气相色谱-质谱联用进行反应条件优化的快速检测

一、实验目的

1. 学习气相色谱-质谱联用仪的基本原理及基本操作。

2. 了解利用气相色谱-质谱联用仪进行工艺过程优化的快速检测。

3. 学习质谱标准谱库的检索方法和归一化定量分析方法。

二、基本原理

芳香胺及其衍生物是许多精细化学品合成的起始原料，是药物、导电聚合物、材料、染料等的重要中间体。近些年，它们的合成工艺研究受到广泛关注。随着配体工程的高速发展，钯催化和铜催化的 C-N 偶联反应，逐渐成为了合成芳香胺及其衍生物的高效和主流方法。因此，开发反应条件优化的快速检测方法，探究最佳合成工艺条件，具有明确的应用价值。

钯催化和铜催化的 C-N 偶联反应的原料（卤代苯和苯胺）、副产物和产物均属于易挥发且热稳定性良好的有机小分子，可以采用 GC-MS 进行快速检测。本实验以二苯胺的合成为例，进行工艺过程优化的快速检测（图 3-8）。

三、仪器与试剂

1. 仪器

Thermo Fisher Trace 1300 ISQ7000 气相色谱-质谱联用仪、EI 源、单四极杆质量分析器、自动进样器。

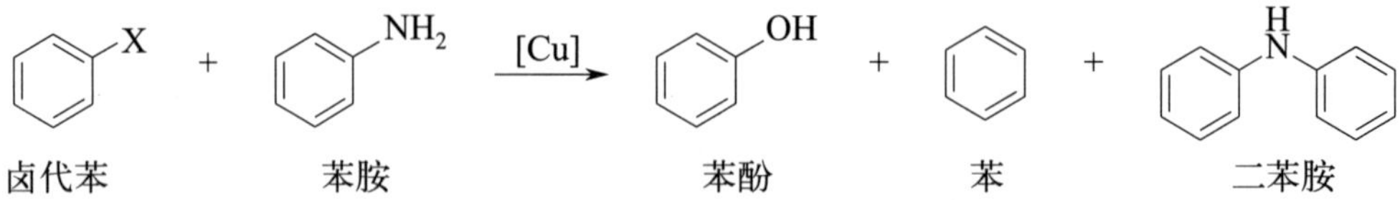

图 3-8　二苯胺的合成反应式

2. 试剂

偶联反应液（1 mL）、纯水、乙酸乙酯。

四、实验操作

1. 样品前处理

① 在反应液中，加入 2 mL 水和 2 mL 乙酸乙酯，室温搅拌，静置分层。

② 用乙酸乙酯将上层有机相稀释到浓度约 0.1 mg/mL，用干燥剂过滤后，上机检测。

2. 在开机状态下设置仪器参数

色谱柱：TraceGOLD TG-5HT 柱（30 m×0.25 mm×0.25 μm，Thermo Fisher 公司）；

进样口温度：300 ℃；

进样方式：分流进样，分流比 10∶1；

载气：氦气（≥99.999%），流量 1.0 mL/min；

程序升温：初始温度 50 ℃，以 50 ℃/min 的速率升温至 300 ℃，保持 5 min；

质谱传输线温度：300 ℃；

离子源温度：300 ℃；

电子轰击电离（EI）源电子能量：70 eV；

溶剂延迟：3 min；

扫描方式：scan；

质荷比扫描范围：50～500。

改动完成后，点击保存按钮，经修改后的方法被保存，后续测试可直接调用。

3. 设置自动进样参数

修改样品名称（Name）；

修改样品类型（Type）；

修改样品瓶位置（Position）；

修改进样体积（Volume），进样量为 1.0 μL；

选择所用仪器方法（Instrument Method）。

改动完成后，点序列上方的保存按钮，经修改后的样品序列被保存。如果要立即进样，可点击样品序列中的开始键。

4. 结果处理和数据分析

① 记录样品信息。

测试样品编号：

② 记录各个色谱峰信息以及谱库检索结果。

序号	保留时间/min	m/z	化合物名称	峰面积
1				
…				

③ 简单分析 EI 质谱图的主要质谱峰并计算归一化转化率和产率。

④ 结果与讨论。

五、思考题

1. 是否所有反应条件的过程优化，都可以利用 GC-MS 进行过程监测？
2. 与标准曲线法相比，归一化定量方法在定量时一般存在哪些不足之处？
3. 请从“绿水青山就是金山银山”的角度，简述 GC-MS 技术在绿色合成工艺优化方面的应用和重要性。

3.2 液相色谱-质谱联用分析实验

3.2.1 概述

液相色谱（liquid chromatography，LC）和质谱（MS）联用技术主要用于分析挥发性不强、极性较大、热不稳定的小分子化合物以及大分子量（包括蛋白、多肽、多聚物等）化合物等。现代液相色谱技术从实用性的角度出发，主要分为高压（高效）液相色谱（high performance liquid chromatography，HPLC）和超高效液相色谱（ultra performance liquid chromatography，UPLC）。值得注意的是，LC-MS 一般无商品化的标准谱库可利用，只能自己建库或结合质谱学裂解规律进行谱图解析。

对于液相色谱，一般电喷雾电离（ESI）接口下进样量为几微升 mg/mL 浓度的样品即可。无论是气相色谱还是液相色谱，其管路、接口等其他元件均可造成本底干扰。例如，对于气相色谱-质谱联用，柱流失、灯丝（铼 Re）的氧化物、硅氧烷垫圈等可以造成诸多的本底；对于液相色谱-质谱而言，在 ESI 正离子模式下，可以出现溶剂加和离子如（$[(H_2O)_n+H]^+$，$n=3\sim11$）、$[H+CH_3CN+CH_3COOH]^+$ 和（$[(CH_3OH)_n+H]^+$，$n=1\sim11$）的本底以及 $[M+H]^+$、$[M+Na]^+$、$[M+K]^+$、$[M+Li]^+$、$[M+NH_4]^+$、$[M+CH_3OH+H]^+$、$[M+CH_3CN+H]^+$、$[2M+H]^+$、$[2M+Na]^+$ 等准分子离子峰，在 ESI 负离子模式下常出现 $[M\text{-}H]^-$、$[M+CF_3COOH\text{-}H]^-$、$[M+$

$CH_3COOH-H]^-$、$[M+HCOOH-H]^-$ 等准分子离子峰。此外，pH、气流速度和温度、溶剂及缓冲液流量、溶剂和缓冲液的类型、液相色谱类型、电压、样品结构及性质、样品浓度、杂质和添加剂等都可以影响色谱的分离与质谱离子化的强度与方式。例如，对于采用 ESI 接口技术的液质联用，待测物必须有可离子化的基团，如胺、羧酸、醛酮类化合物等；为了获得较好的选择性，必须调节到待测物能够被电离的 pH，酸性物质调节到中性左右（pH＝7～9），碱性物质调节到呈酸性（pH＝3～4）。

目前，基于大气压电离接口技术的 LC-MS 已经得到普及，在药物、化工、临床医学、分子生物学等诸多领域中获得广泛的应用。LC-MS 原理组成见图 3-9。

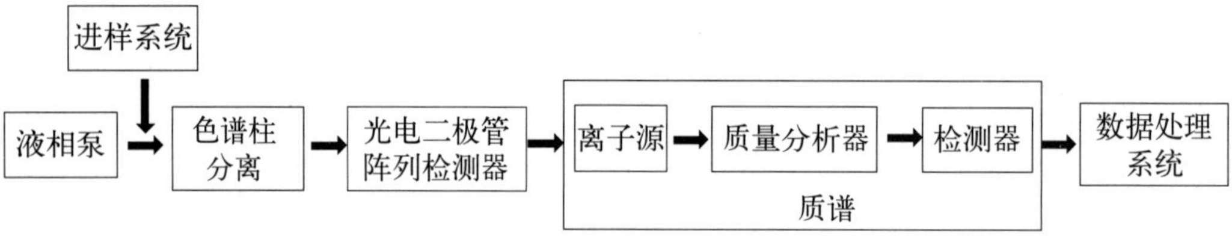

图 3-9 LC-MS 原理组成图

3.2.2 Thermo Fisher UltiMate3000 ISQ EC 液相色谱-质谱联用仪的操作规程

（1）开启液相色谱-质谱联用仪（一般情况下，该步骤学生无须操作）

① 打开液氮罐的开关，确认在 0.6～0.8 MPa；

② 打开排风；

③ 打开稳压电源开关，检查电源电压输出是否稳定且零地电压是否小于 1 V；

④ 打开质谱主机电源开关——ON 位置，此时机械泵也会随之启动；

⑤ 打开 HPLC 所有电源开关；

⑥ 电脑打开 Chameleon 软件，选择 Instrument，设置气流量、温度、泵速，开启 UV 灯和 VIS 灯，等待仪器 Ready（图 3-10）。

（2）设定仪器与实验条件参数

设置梯度洗脱程序、流速、柱温、紫外测试波长、质谱传输线温度、离子化温度、ESI 扫描模式、质荷比扫描范围。

改动完成后，点击保存按钮，经修改后的方法被保存，后续测试可直接调用。

（3）设置自动进样参数

修改样品名称（Name）；

修改样品类型（Type）；

修改样品瓶位置（Position）；

修改进样体积（Volume）；

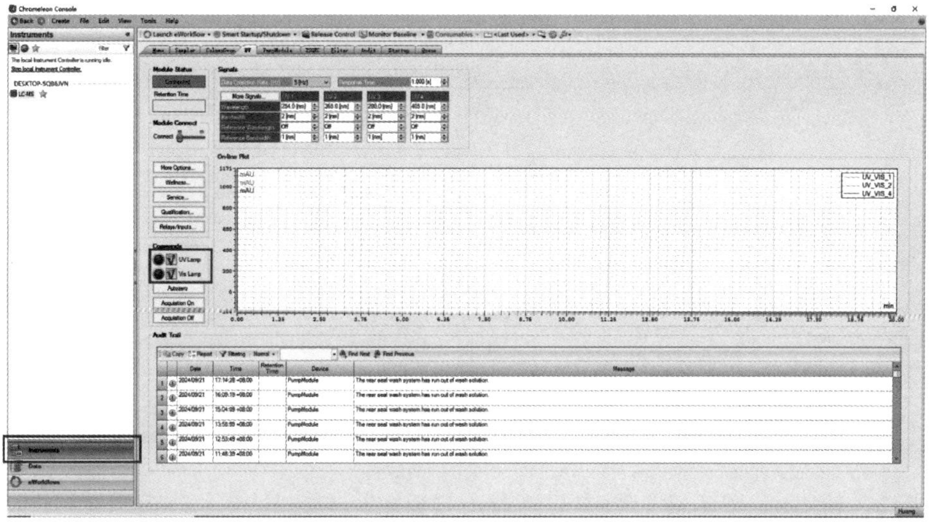

图 3-10 Chameleon 软件的“Instrument”界面

选择所用仪器方法（Instrument Method）。

如图 3-11 所示，改动完成后，点序列上方的保存按钮，经修改后的样品序列被保存。如果要立即进样，可点击样品序列中的开始键。

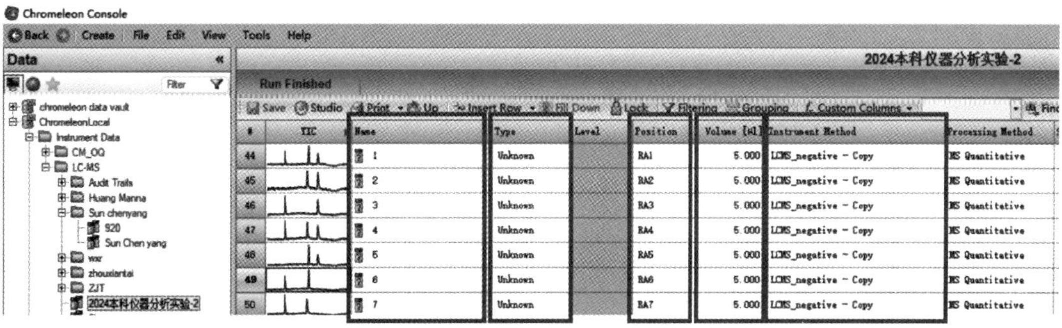

图 3-11 设置自动进样参数

（4）关闭液相色谱-质谱联用仪（一般情况下，该步骤学生无须操作）

① 在 Instrument 中，关泵，关闭 UV 灯和 VIS 灯，并将温度降至最低，关闭 HPLC 和 MS 的电源。

② 关闭钢瓶总阀及分压阀。

（5）浏览数据

如图 3-12 所示，双击序列表中某个数据，切换进入色谱数据处理区“Chromatography Studio”。点击校正和处理方法“Calib & PM”图标，进入处理方法界面，在此界面内可以浏览数据并进行谱库检索。

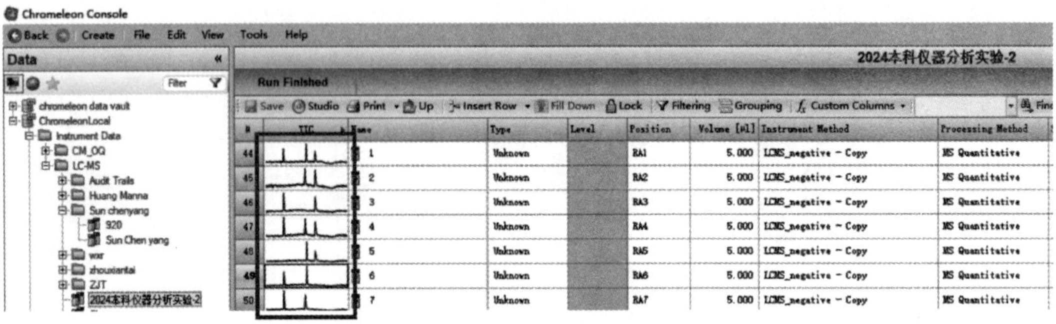

图 3-12　浏览数据

如图 3-13 所示，点击功能区中的色谱图“Chromatogram”和质谱图“MS Spectra”图标，可浏览色谱图和质谱图。

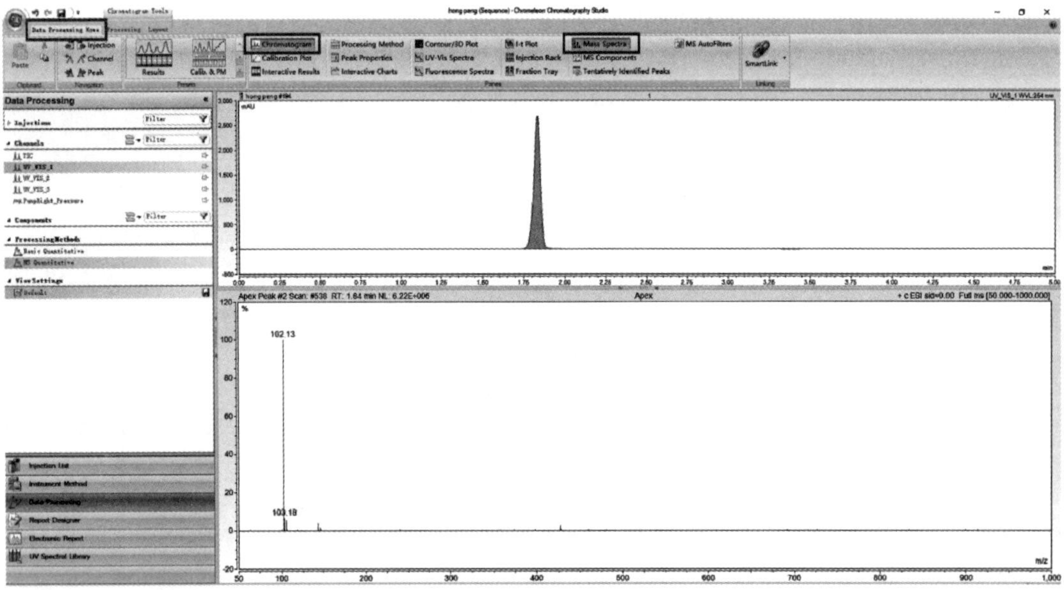

图 3-13　浏览色谱图和质谱图

如图 3-14 所示，在页面布局“Layout”界面中，点击“Time Spectra Tool”后，鼠标点击色谱峰即可查看该色谱峰对应的质谱图。点击“Baseline Correction Tool”后，鼠标挪在色谱峰基线范围会出现图标，在色谱峰左右基线范围内拉一段，即扣除了色谱峰两侧的背景。

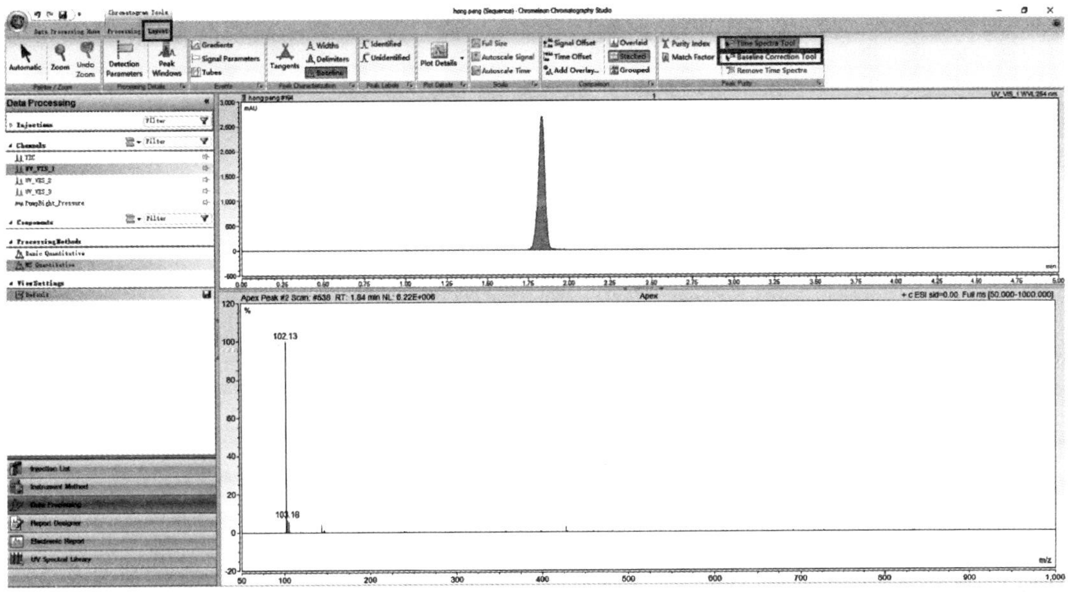

图 3-14 扣除色谱峰两侧背景

3.2.3 实验部分

实验 1

液相色谱-质谱联用鉴定水果中的植物生长调节剂

一、实验目的

1. 学习液相色谱-质谱联用仪的基本原理及基本操作。
2. 了解利用液相色谱-质谱联用仪的定性分析方法。
3. 学习归一化定量分析法及标准曲线定量。

二、基本原理

植物生长调节剂是一类人工合成的、具有与天然植物激素同等效能甚至更为有效的活性物质，属于农药范畴。由于植物生长调节剂可能在农作物上残留并通过食物链进入人体后产生一定的危害，因此，对它们在农产品中的残留进行检测十分必要。

瓜果中常用的植物生长调节剂有 2,4-二氯苯氧乙酸(2,4-D)、氯吡脲（4-CPPU)、α-萘乙酸（α-NAA)、对氯苯氧乙酸（4-CPA)、多效唑（PP333)、赤霉素（GA3）等（图 3-15)。这一类型的植物生长调节剂属于极性较大、难挥发的有机小分子，可以采用 LC-MS 进行定性（高分辨质谱)、定量分析（标准曲线法)。

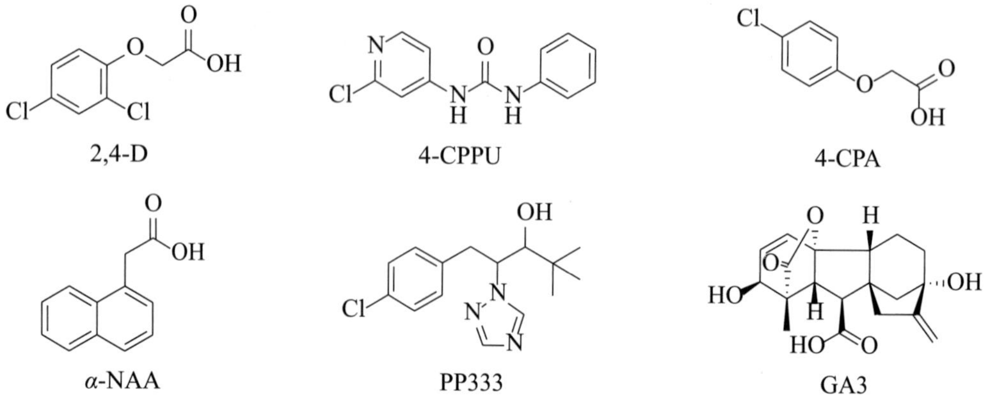

2,4-D　4-CPPU　4-CPA

α-NAA　PP333　GA3

图 3-15　常见植物生长调节剂的结构

三、仪器与试剂

1. 仪器

Thermo Fisher UltiMate3000 ISQ EC 液相色谱-质谱联用仪、二极管阵列检测器、ESI 源、单四极杆质量分析器、自动进样器。

2. 试剂

植物生长调节剂标准品：2,4-二氯苯氧乙酸(2,4-D)、氯吡脲（4-CPPU)、α-萘乙酸（α-NAA)、对氯苯氧乙酸（4-CPA)、多效唑（PP333)、赤霉素（GA3)。

色谱纯试剂：甲醇、乙腈、水、甲酸。

无水硫酸镁、醋酸钠、C-18 分散固相萃取剂。

四、实验操作

1. 样品前处理

准确称取瓜果 10 g，置于 50 mL 离心瓶中，加入 10 mL 含 1%乙酸的乙腈溶液，匀浆 2 min，加入 4 g 无水硫酸镁和 1.5 g 醋酸钠，涡旋 1 min，低温离心（4 ℃，4000 r/min) 5 min，取 2 mL 上清液，加入 25 mg C-18 分散固相萃取剂，涡旋 1 min，低温离心（4 ℃，4000 r/min）5 min。取上清液，氮吹至干，以 0.2 mL 50%乙腈复溶，用 0.22 μm 滤膜过滤后，上机检测。

2. 在开机状态下设置仪器参数

色谱柱：ZORBAX Extend-C18 柱（250 mm×4.6 mm，5 μm，Agilent 公司)。

流动相 A：0.3%甲酸水溶液；流动相 B：0.3%甲酸乙腈溶液。

梯度洗脱程序：0～10 min，30%B～80%B；10～15 min，80%B。

流速：1 mL/min。

柱温：常温。

紫外测试波长：254 nm。

质谱传输线温度：300 ℃。

离子化温度：300 ℃。

ESI 扫描模式：负离子。

质荷比扫描范围：50～1000。

改动完成后，点击保存按钮，经修改后的方法被保存，后续测试可直接调用。

3. 设置自动进样参数

修改样品名称（Name）；

修改样品类型（Type）；

修改样品瓶位置（Position）；

修改进样体积（Volume），进样量为 1.0 μL；

选择所用仪器方法（Instrument Method）。

改动完成后，点序列上方的保存按钮，经修改后的样品序列被保存。如果要立即进样，可点击样品序列中的开始键。

4. 结果处理和数据分析

① 记录样品信息。

测试样品编号：

② 记录各个色谱峰信息以及实验结果。

序号	保留时间/min	准分子离子峰 m/z	分子量	化合物名称
1				
…				

③ 简单分析主要质谱峰的加和模式。

④ 结果与讨论。

五、思考题

1. 为什么定性分析瓜果中常用的植物生长调节剂可以采用 LC-MS?

2. LC-MS 是否有标准谱库可供检索，为什么?

3. “菜篮子”“米袋子”和“果盘子”中的安全监管，事关党的群众路线。请简述 LC-MS 技术在保证“果盘子”安全方面的应用和重要性。

实验 2

液相色谱-质谱联用进行反应条件优化的快速检测

一、实验目的

1. 熟悉液相色谱-质谱联用仪的基本原理及基本操作。

2. 了解利用液相色谱-质谱联用仪进行工艺过程优化的快速检测。

3. 了解归一化定量的方法。

二、基本原理

NP-G2-044 是一种小分子肌成束蛋白抑制剂，可阻断肌动蛋白结合活性，抑制肿瘤的转移和特定类型肿瘤的生长，目前已进入临床三期试验阶段。探究其合成的最佳工艺条件并实现量产的研究，具有明确的应用价值。因此，开发一种反应条件优化的快速检测方法十分必要。

NP-G2-044 合成的原料和产物均属于极性较大、难挥发的有机小分子，且结构中含有 N、O 杂原子，在电喷雾电离的条件下容易离子化，可以采用 LC-MS 进行定性和定量分析（图 3-16）。

三、仪器与试剂

1. 仪器

Thermo Fisher UltiMate3000 ISQ EC 液相色谱-质谱联用仪、二极管阵列检测器、ESI 源、单四极杆质量分析器、自动进样器。

2. 试剂

反应液（1 mL）、纯水、乙酸乙酯。

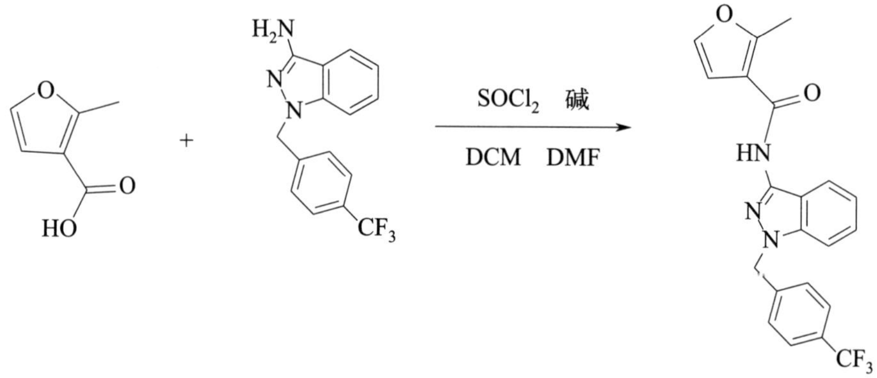

图 3-16 NP-G2-044 的合成反应式

DCM 为二氯甲烷，DMF 为 *N*,*N*-二甲基甲酰胺

四、实验操作

1. 样品前处理

① 在反应液中，加入 2 mL 水和 2 mL 乙酸乙酯，室温搅拌，静置分层。

② 用乙酸乙酯将上层有机相稀释到浓度约 0.1 mg/mL，用 0.22 μm 滤膜过滤后，上机检测。

2. 在开机状态下设置仪器参数

色谱柱：ACCLAIM 120-C18 柱（250×4.6 mm，5 μm，Thermo Fisher 公司）。

流动相 A：0.3%甲酸水溶液；流动相 B：甲醇。

梯度洗脱程序：0～15 min，30%B～100%B；15～20 min，100%B。

流速：1 mL/min。

柱温：常温。

紫外测试波长：254 nm。

质谱传输线温度：300 ℃。

离子化温度：300 ℃。

ESI 扫描模式：正离子。

质荷比扫描范围：50～1000。

改动完成后，点击保存按钮，经修改后的方法被保存，后续测试可直接调用。

3. 设置自动进样参数

修改样品名称（Name）；

修改样品类型（Type）；

修改样品瓶位置（Position）；

修改进样体积（Volume），进样量为 1.0 μL；

选择所用仪器方法（Instrument Method）。

改动完成后，点序列上方的保存按钮，经修改后的样品序列被保存。如果要立即进样，可点击样品序列中的开始键。

4. 结果处理和数据分析

① 记录样品信息。

测试样品编号：

② 记录各个色谱峰信息以及实验结果。

序号	保留时间/min	准分子离子峰 m/z	分子量	化合物名称	峰面积
1					
…					

③ 简单分析主要质谱峰的加和模式，并计算归一化转化率和产率。

④ 结果与讨论。

五、思考题

1. 是否所有反应条件的过程优化，都可以利用 LC-MS 进行过程监测？

2. LC-MS 归一化定量时，转化率和产率是否与外标法定量一致？为什么？

3. 为完善癌症防治体系，2023 年，国家卫生健康委等 13 个部门联合制定了《健康中国行动——癌症防治行动实施方案（2023—2030 年）》。同时，可以预期肿瘤治疗药物大量使用对环境可能会造成一定的危害。请简述 LC-MS 技术在环境中抗肿瘤药物残留量检测中的应用。

第 4 章

电化学分析实验

电分析化学是一门基于电化学、分析化学原理和实验测量技术，用于获取物质质量、数量和状态信息的专业学科。它以物质的电化学性质及其变化为基础，是电化学和仪器分析的重要组成部分。它通过直接测定溶液中的电流、电势、电导率和电荷等物理量，在有或无电流流过溶液时研究并确定所涉及的化学物质的量以及相关的电化学反应过程。根据所测得的参数不同，又可分为库仑分析、电位分析和伏安分析等。

4.1 库仑分析实验

4.1.1 原理与仪器简介

库仑分析（coulometric analysis）法是以测量电解反应所消耗的电荷量为基础的一类分析方法。由法拉第定律可知，在电极上生成或被消耗的某物质的质量与通过该体系的电荷成正比。

如果用对电荷量的精确称量来代替对反应产物质量的称量，由电解过程中流过电解池的电荷量来确定被测物质的含量即为库仑分析法。当然，运用这种方法时，要求工作电极只发生待测组分的单一电化学反应，亦即电解的电流效率应维持 100%。

在库仑分析法中，控制电位库仑分析和恒电流库仑滴定是实现 100%电流效率的两种方式。恒电流库仑滴定亦称为库仑滴定，其过程是在试液中加入大量辅助电解质，然后控制恒定的电流进行电解，该辅助电解质由于电解反应而产生一种能与待测组分进行定量滴定反应的物质（称为滴定剂），选择适当确定滴定终点的方法，记录从电解开始到终点所需的时间，进而根据反应的电荷量求出被测组成的含量。

库仑滴定装置由电解系统和指示终点系统组成（图 4-1）。

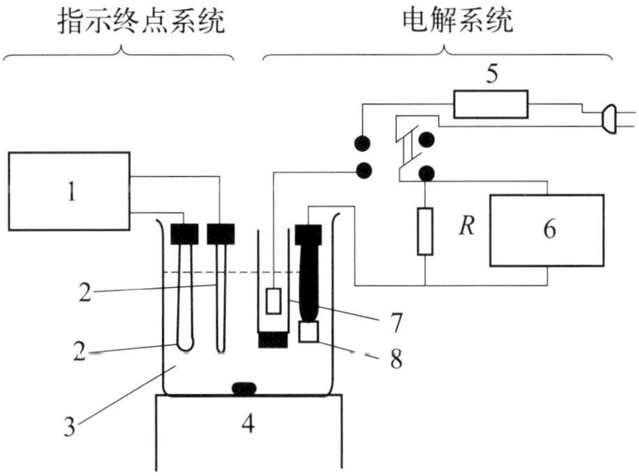

图 4-1　库仑滴定装置示意图

1—pH 计或 mV 计；2—电极；3—电解池；4—搅拌器；5—计时器；6—恒流源；7—Pt 辅助电极；8—Pt 工作电极

将强度恒定的电流 I 通入电解池，并用计时器准确记录电解时间 t。在工作电极上，借助电极反应生成“滴定剂”，此“滴定剂”会即刻与试液中的被测物质发生反应，当到达终点时，由指示终点系统提示终点已到达，随即停止电解。根据法拉第定律，由电解电流和时间求得被测物质的质量 W（g）：

$$W=\frac{It}{96485}\times\frac{M}{Z} \tag{4-1}$$

式中，M 为物质的摩尔质量；Z 为电极反应中的电子计量系数；It 为库仑滴定过程中产生的电荷量 Q。如果用电量积分仪，则电荷量可以表示为电流对时间的积分：

$$Q=\int_0^t I\,\mathrm{d}t \tag{4-2}$$

以 KLT-1 型通用库仑仪为例，操作步骤介绍如下：

① 接通电源，开启仪器后让其进行预热，时长为 10 min。将电解池仔细清洗干净，量取所需的电解液并放置于电解池中，随后放入搅拌磁子，再把电解池平稳地放在电磁搅拌器上。

② 把电极系统安装在电解池上，务必确认电极准确无误地连接至库仑仪，同时在隔离套管（保护管）中也装入适量的电解液。

③ 选择适宜的量程，将“工作/停止”开关设置为工作状态，按下“电流”和“上升”开关；再按下“极化电位”按键，此时微安表指针应指向 20，若不符合，调节“补偿极化电位”旋钮使其达到要求，之后弹起“极化电位”按键。

④ 准确地移取待测液于上述已准备好的电解池中，开启电磁搅拌，按下“启动”按键，接着按“电解”按钮开始电解，待“终点指示灯”亮起表明已到达终点，读取电解过程的电荷量，最后弹起“启动”按键，这样就完成了一次测定。

⑤ 关闭仪器电源，拆除电极接线，将电解池及电极洗净并注入蒸馏水备用。

4.1.2 实验部分

实验 1
库仑滴定法标定 $Na_2S_2O_3$ 溶液的浓度

一、实验目的

1. 了解恒电流库仑滴定法的基本原理。
2. 掌握库仑滴定的实验操作。
3. 学习恒电流库仑滴定中的终点指示法。

二、基本原理

库仑滴定法是建立在控制电流电解过程基础上的一种相当准确而灵敏的分析方法，可用于微量分析及痕量物质的测定。与待测物质起定量反应的“滴定剂”由恒电流电解在试液内部产生。库仑滴定终点借指示剂或电化学方法指示。按法拉第定律算出反应中消耗“滴定剂”的量，从而计算出 $Na_2S_2O_3$ 的浓度。

化学分析法所用的标准溶液大部分由另一种基准物质来标定，而基准物质的纯度、预处理（如烘干、包干和保湿）、称量的准确度以及对滴定终点颜色的目视观察等，都对标定的结果有重要影响。而库仑滴定法是通过电解产生的物质与标准溶液反应来对标准溶液进行标定，由于库仑滴定涉及的电流和时间这两个参数可以进行精确的测量，避免了化学分析法中依靠基准物质的限制。

本实验用双铂片电极在恒定电流下进行电解，在铂阳极上 KI 中的 I^- 可以氧化成 I_2。

$$阳极:2I^- \longrightarrow I_2 + 2e^- \tag{4-3}$$

$$阴极:2H^+ + 2e^- \longrightarrow H_2\uparrow \tag{4-4}$$

在阳极上析出的 I_2 是氧化剂，可以氧化溶液中的 $S_2O_3^{2-}$，此化学反应为：

$$I_2 + 2S_2O_3^{2-} \longrightarrow S_4O_6^{2-} + 2I^- \tag{4-5}$$

滴定终点可以用淀粉指示，即产生过量的碘时，能使有淀粉的溶液出现蓝色。也可用电流-上升的方法（死停法），即终点出现电流的突跃。

滴定中所消耗 I_2 的量，可以从电解析出 I_2 所消耗的电荷量来计算，电荷量 Q 可以由电解时恒定电流 I(A) 和电解时间 t(s) 来求得：

$$Q = It \tag{4-6}$$

本实验中，电荷量可以从 KLT-1 型通用库仑仪的数码管上直接读出。

$Na_2S_2O_3$ 的浓度可由下式求得：

$$W = \frac{ItM}{96500n} = \frac{QM}{96500n} \tag{4-7}$$

式中，M 为 $Na_2S_2O_3$ 的分子量；n 为 $Na_2S_2O_3$ 的电子转移数。

三、仪器与试剂

1. 仪器

KLT-1 型通用库仑仪，50 mL 量筒，1 mL、5 mL 移液管。

2. 试剂

200 g/L 碘化钾溶液、1.00 mol/L H_2SO_4、待标定的约 0.01 mol/L $Na_2S_2O_3$ 溶液。

四、实验操作

1. 调好通用库仑仪。

2. 开启电源开关预热半个小时。

3. 终点指示方式可通过按下电流键和上升键，选择电流-上升法。

4. 连接电解电极：黑线接内含铂丝电极的电解池，红线接大面积的双铂片电极。

5. 连接指示电极：黑、红夹子分别夹在小面积的铂片指示电极的两个接头处。

6. 取 2 mL 1.00 mol/L H_2SO_4 放于隔离池（内含铂丝电极）中，取 5 mL 200 g/L 碘化钾溶液、50 mL 蒸馏水放于电解池中，再加入 $Na_2S_2O_3$ 溶液 0.5 mL，将电极全部浸没在溶液中。

7. 打开搅拌机，调节好速度。

8. 旋转“补偿极化电位”旋钮大针，按下“启动”键和“极化电位”键，回旋调节“补偿极化电位”键使微安表的指针指在 20 左右，松开“极化电位”键，待微安表的指针稍稳定。

9. 按下“电解”按钮，灯灭，将工作/停止开关置“工作”档，如终点指示灯处于灭的状态，则从此时开始电解计数，数码管上开始记录电荷量。当微安表中指针开始向右突变时，终点指示灯亮，数码管上显示数据为所消耗的电荷量。

10. 每次电解滴定至终点后，弹出“启动”键，仪器自动清零。再在此电解液中加入 $Na_2S_2O_3$ 溶液 0.5 mL，重复“9”再做一次电解，得到第二个电荷量，如此重复 3 次，得到 4 个电荷量。舍去第一次的数据，取后三个的平均值，计算水样中的 $Na_2S_2O_3$ 浓度，以 mg/mL 表示。

11. 结果处理和数据分析。

电解次数	样品量	电荷量
1		
2		
3		
4		

五、思考题

1. 库仑滴定的基本原理是什么？

2. 库仑滴定法标定 $Na_2S_2O_3$ 溶液的浓度与化学分析法标定 $Na_2S_2O_3$ 溶液的浓度的区别是什么？

实验 2
库仑滴定法测定微量砷

一、实验目的

1. 了解恒电流库仑滴定法的基本原理。
2. 掌握库仑滴定的实验操作。
3. 学习恒电流库仑滴定中的终点指示法。

二、基本原理

库仑滴定法是建立在控制电流电解过程基础上的一种相当准确而灵敏的分析方法，可用于微量分析及痕量物质的测定。与待测物质起定量反应的“滴定剂”由恒电流电解在试液内部产生。库仑滴定终点借指示剂或电化学方法指示。按法拉第定律算出反应中消耗“滴定剂”的量，从而计算出砷的含量。

本实验用双铂片电极在恒定电流下进行电解，在铂阳极上 KI 中的 I^- 可以氧化成 I_2。

$$\text{阳极}:2I^- \longrightarrow I_2 + 2e^- \tag{4-8}$$

$$\text{阴极}:2H^+ + 2e^- \longrightarrow H_2\uparrow \tag{4-9}$$

在阳极上析出的 I_2 是个氧化剂，可以氧化溶液中的 As（Ⅲ），此化学反应为：

$$I_2 + AsO_3^{3-} + H_2O \longrightarrow AsO_4^{3-} + 2I^- + 2H^+ \tag{4-10}$$

滴定终点可以用淀粉指示，即产生过量的碘时，能使有淀粉的溶液出现蓝色。也可用电流-上升的方法，即终点出现电流的突跃。

滴定中所消耗 I_2 的量，可以从电解析出 I_2 所消耗的电荷量来计算，电荷量 Q 可以由电解时恒定电流 I(A) 和电解时间 t(s) 来求得：

$$Q = It \tag{4-11}$$

本实验中，电荷量可以从 KLT-1 型通用库仑仪的数码管上直接读出。

砷的含量可由下式求得：

$$W = \frac{ItM}{96500n} = \frac{QM}{96500n} \tag{4-12}$$

式中，M 为砷的原子量（74.92）；n 为砷的电子转移数。

I_2 与 AsO_3^{3-} 的反应是可逆的，当酸度在 4.00 mol/L 以上时，反应定量向左进行，即 AsO_4^{3-} 氧化 I^-；当 pH>9 时，I_2 发生歧化反应，从而影响反应的计量关系。故在本实验中采用 NaH_2PO_4-NaOH 缓冲体系来维持电解液的 pH 在 7～8 之间，使反应定量地向右进行，即 I_2 定量地氧化 H_3AsO_3。水中溶解的氧也可以氧化 I^- 为 I_2，从而使结果偏低。故在标准度要求较高的滴定中，须采取除氧措施。为了避免阴极上产生的 H_2 的还原作用，应当采用隔离装置。

三、仪器与试剂

1. 仪器

KLT-1 型通用库仑仪，10 mL 量筒，0.5 mL、5 mL 移液管。

2. 试剂

① 磷酸盐缓冲溶液：称取 7.8 g $NaH_2PO_4 \cdot 2H_2O$ 和 2 g NaOH，用去离子水溶解并稀释至 250 mL（0.20 mol/L NaH_2PO_4、0.20 mol/L NaOH）。

② 0.20 mol/L 碘化钾溶液：称取 8.3 g KI，溶于 250 mL 去离子水中即得。

③ 砷标准溶液：准确称取 0.66 g As_2O_3，以少量去离子水润湿，加入 NaOH 溶液搅拌溶解，稀释至 80～90 mL。用少量 H_3PO_4 中和至溶液近于 pH =7，然后转移至 100 mL 容量瓶中稀释至刻度，摇匀。此溶液砷浓度为 5.00 mg/mL，使用时可进一步稀释至 500 μg/mL。

四、实验操作

1. 调好通用库仑仪。

2. 开启电源开关预热半个小时。

3. 取 10 mL 0.20 mol/L KI、10 mL 0.20 mol/L 磷酸盐缓冲溶液放于电解池中，加入 20 mL 蒸馏水，加入含砷水样 5.00 mL，将电极全部浸没在溶液中。

4. 终点指示选择电流-上升法。

5. 按下“电解”按钮，灯灭，开始电解。数码管上开始记录电荷量。

6. 电解完毕后，记下所消耗的电荷量。

7. 再在此电解液中加入 5.00 mL 含砷水样，再做一次电解得到第二个电荷量，如此重复 4 次，得到 4 个电荷量。

8. 舍去第一次的数据，取后三个的平均值，计算水样中的 As 含量。以 As(mg/mL) 或 As_2O_3(mg/mL) 表示。

9. 结果处理和数据分析。

电解次数	样品量	电解电流	电荷量
1			
2			
3			
4			

五、思考题

1. 0.1A 电流通过氰化亚铜溶液 2h，在阴极上析出 0.45 g 铜，试求此电解池的电流效率。

2. 库仑滴定的基本要求是什么？双铂电极为什么能指示终点？

3. 砷的含量对人和自然均极具双面性，很好地体现了“对立统一和量变到质变”

哲学思辨论。请从“古老中药又绽放出新光彩”的角度，简述砒霜（主要成分为三氧化二砷）在癌症治疗方面的应用，以及库仑滴定法测定微量砷的重要性。

4.2 电位分析实验

4.2.1 原理与仪器简介

使用一个指示电极（其电位受待测物质的浓度影响）和一个参比电极（其电位保持恒定），或使用两个指示电极，将它们与被测液体共同构成电池体系，随后依据电池电动势（或指示电极电位）的变化进行分析的方法称为电位分析（potentiometric analysis）法。

电位分析法可以分为直接电位法和电位滴定法两类。直接电位法一般是将专用的指示电极（如离子选择电极）浸入被测试液，通过测量电池的电动势，测定与电池反应相关的化学成分。离子选择电极基本上都是膜电极，它的选择性来源于敏感膜对离子的选择性响应。电位测量装置如图 4-2 所示，进行测量时需要用磁力搅拌器对试液加以搅拌。电位滴定法与化学滴定法类似，是向试液中滴加可同被测物质发生化学反应的标准溶液，使得电极电位在化学计量点附近发生突变，并以此来确定滴定终点。其关于被测物质含量的计算方法与化学滴定法一致。

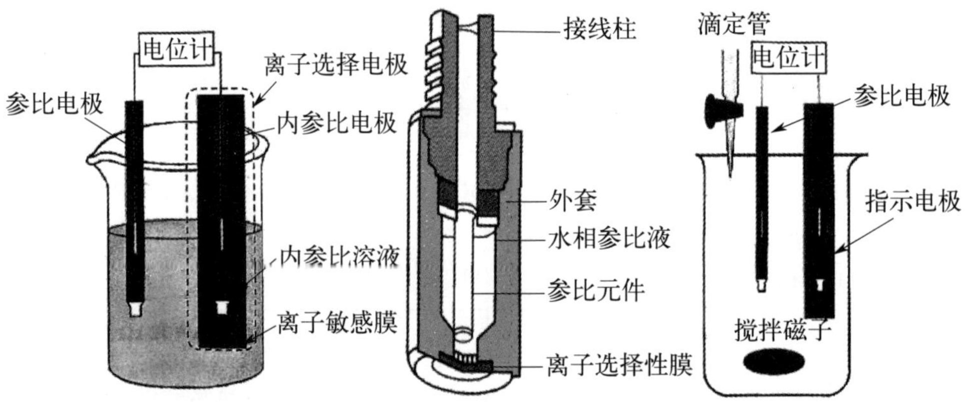

图 4-2 电位分析的测量装置示意图（左），离子选择电极装置示意图（中）和电位滴定装置示意图（右）

进行电位测量时，需要形成一个电化学电池体系：把一支指示电极和另一支合适的参比电极插入到被测试液当中。接着借助离子计（或者 pH 计）来测定电动势或者电极电位（或 pH），进而求得被测物质的含量。

在电位分析过程中所使用的电极包含离子选择电极以及基于电子交换反应的电极，这两类电极均能够充当指示电极或者参比电极。测量时组成电池：

$$\text{指示电极}|\text{试液}\|\text{参比电极} \qquad (4\text{-}13)$$

电池的电动势为

$$E_{电池}=\varphi_{参比}-\varphi_{指示}+\varphi_{液接} \tag{4-14}$$

式中，$\varphi_{参比}$为参比电极的电极电位；$\varphi_{指示}$为指示电极的电极电位；$\varphi_{液接}$为液体接界电位，可用盐桥降低或消去。

4.2.2 实验部分

实验 1
离子选择电极测定水中的氟

一、实验目的

1. 学习离子选择电极的使用及实验数据处理方法。
2. 深入理解并熟练掌握直接电位法的核心基本原理。

二、基本原理

用氟离子选择电极（简称氟电极，它是 LaF_3 单晶敏感膜电极，内装 0.10 mol/L NaCl-NaF 内参比溶液和 Ag/AgCl 内参比电极）（图 4-3）测定 F^- 浓度的方法与测定 pH 的方法相似。当氟电极插入溶液时，其敏感膜对 F^- 产生响应，在膜和溶液间产生一定的膜电位：

$$\varphi_{膜}=K-\frac{2.303RT}{F}\lg a_{F^-} \tag{4-15}$$

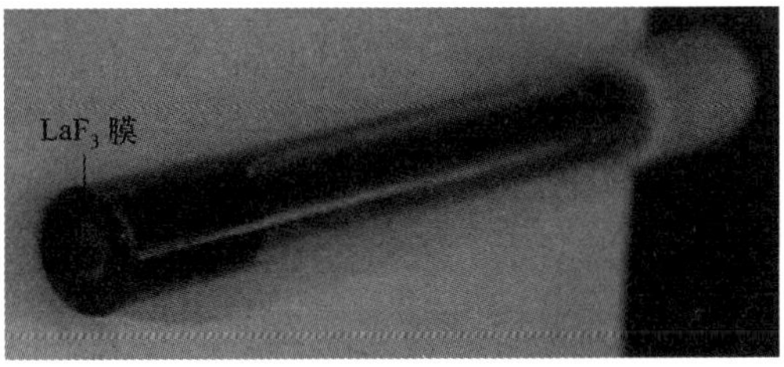

图 4-3 氟离子选择电极

在一定条件下膜电位 $\varphi_{膜}$与 F^- 活度的对数值成直线关系。当氟电极（作指示电极）与饱和甘汞电极（参比电极）插入被测溶液中组成原电池时，电池的电动势 E 在一定条件下与 F^- 活度的对数值成直线关系：

$$E=K'-\frac{2.303RT}{F}\lg a_{F^-} \tag{4-16}$$

式中，K'为包括内外参比电极的电位、液接电位等的常数；F 为法拉第常数。通过测量电池电动势可以测定 F^- 的活度。当溶液的总离子强度不变时，离子的活度系数为一定值，则：

$$E=K''-\frac{2.303RT}{F}\lg c_{F^-} \tag{4-17}$$

E 与氟离子的浓度 c_{F^-} 的对数值成直线关系。因此，为了测定氟离子的浓度，常在标准溶液与试样溶液中同时加入相等的足够量的惰性电解质作总离子强度调节缓冲溶液，使它们的总离子强度相同。

当氟离子浓度在 $1\sim10^{-6}$ mol/L 范围内时，氟电极电位与 pF（氟离子浓度的负对数）成直线关系，可用标准曲线法或标准加入法进行测定。

在酸性溶液中，氢离子与部分氟离子形成 HF 或 HF_2^-，会降低氟离子的浓度。在碱性溶液中，LaF_3 薄膜与 OH^- 发生交换作用而使溶液中氟离子浓度增加。因此溶液的酸度对测定有影响，氟电极适宜测定的 pH 范围为 5～8（视氟离子浓度大小而定）。

三、仪器与试剂

1. 仪器

离子计或 pH/mV 计、电磁搅拌器、氟离子选择电极、饱和甘汞电极。

2. 试剂

TISAB 溶液、氟标准溶液（0.10 mol/L、1.00×10^{-3} mol/L）。

四、实验操作

1. 吸取 10 mL 0.10 mol/L 氟标准溶液于 100 mL 容量瓶中，加入 10 mL TISAB（总离子强度调节缓冲溶液），用去离子水稀释至刻度，摇匀。此溶液为 1.00×10^{-2} mol/L 氟标准溶液。用逐级稀释法配成浓度为 10^{-3} mol/L、10^{-4} mol/L、10^{-5} mol/L 及 10^{-6} mol/L 氟离子溶液的标准系列。逐级稀释时，只需加入 9 mL TISAB 溶液。

2. 将标准系列溶液由低浓度到高浓度依次转入塑料烧杯中，插入氟电极和参比电极，在电磁搅拌器搅拌 4 min 后，停止搅拌 30 s，开始读取平衡电位，然后每隔 30 s 读一次数，直至 3 min 内不变为止。

3. 作 E-［F^-］图，即得标准曲线。或作 E-pF 图。

4. 吸取自来水样 50 mL 于 100 mL 容量瓶中，加入 10 mL TISAB 溶液，用去离子水稀释至刻度，摇匀。在与测绘标准曲线相同的条件下测定电位。从标准曲线上查出 F^- 浓度，再计算出自来水中含氟量。

五、思考题

1. 写出离子选择电极的电极电位完整表达式。

2. 氟离子选择电极在实际应用过程中需要注意哪些问题？

3. 请从“绿水青山就是金山银山”的角度，简述离子选择电极在废水中氟离子测定方面的重要性。

六、注意事项

1. 测定时应按溶液从稀到浓的次序进行。

2. 由稀溶液到浓溶液时，可直接用滤纸吸干电极上的水分。在浓溶液中测定后，应立即用去离子水将电极清洗到空白电位值（电极在不含电极响应离子的去离子水中的电位），再测定稀溶液，电极不宜在浓溶液中长时间浸泡，以免影响检出限。

3. 电极使用后，应将它清洗至其电位为空白电位值，并将氟离子选择电极浸泡在去离子水中。

4. 移液管是一一对应的，无须进行清洗。

实验 2
醋酸的电位滴定和弱酸离解常数的测定

一、实验目的

1. 学习电位滴定法的基本操作和滴定终点的计算方法（作图法）。

2. 学习弱酸离解常数的测定方法。

3. 了解 pH 计的原理，学习 pH 计的使用。

二、基本原理

电位滴定法是在滴定过程中根据指示电极和参比电极的电位差或溶液 pH 的突跃来确定终点的一种方法。在酸碱电位滴定过程中，随着滴定剂的不断加入，被测物与滴定剂发生反应，溶液 pH 不断变化，在化学计量点附近发生 pH 突跃。因此，测量溶液 pH 的变化，就能确定终点。滴定过程中，每加一次滴定剂，测一次 pH，在接近化学计量点时，每次滴定剂加入量要小于 0.10 mL，滴定到超过化学计量点为止。这样就得到一系列滴定剂用量 V 和相应的 pH 数据。

用电位滴定法测定弱酸解离常数 K_a，组成的测试电池为

$$\text{pH 玻璃电极}|H^+(c=x)\|KCl(s), Hg_2Cl_2, Hg \tag{4-18}$$

当以 NaOH 标准溶液对弱酸溶液进行滴定时，仪器可直接给出 pH 随 NaOH 体积变化的 pH-V 滴定曲线。经由微分处理能够获取滴定终点时所消耗的 NaOH 体积，通过式(4-19) 计算出终点时弱酸盐的浓度$c_{盐}$，再通过式(4-20) 算出弱酸离解常数 K_a。

$$[OH^-]=\sqrt{K_b c_{盐}}=\sqrt{c_{盐}\frac{K_w}{K_a}} \tag{4-19}$$

$$K_a=\frac{K_w c_{盐}}{[OH^-]^2} \tag{4-20}$$

三、仪器与试剂

1. 仪器

自动电位滴定计、pH 玻璃电极、饱和甘汞电极。

2. 试剂

0.10 mol/L NaOH 标准溶液、0.10 mol/L 醋酸溶液、酚酞溶液、1.00 mol/L KCl。

四、实验操作

1. 醋酸溶液和 NaOH 溶液的配制

① 0.10 mol/L NaOH 溶液 500 mL；

② 0.10 mol/L 醋酸溶液 500 mL（量筒量取冰醋酸 3 mL）。

2. 以酚酞为指示剂，用 0.10 mol/L NaOH 溶液滴定醋酸溶液

移取醋酸试液 25.00 mL 于 250 mL 锥形瓶中并滴加两滴酚酞，继续滴加 0.10 mol/L NaOH 溶液至溶液呈微红并维持半分钟不褪色，计下 V_{NaOH}。

3. 电位滴定

移取 0.10 mol/L 醋酸试液 20.00 mL 于 100 mL 小烧杯中，加入 5.0 mL 1.00 mol/L KCl。

4. 仪器定位

小烧杯中加入 pH=4 的缓冲液，插入电极，开启搅拌器，搅拌 2～3 min 至读数恒定不变，停止搅拌 30 s 后，调节定位旋钮至 pH=4.00 即可。

5. 测定

取出定位的电极，用去离子水冲洗后，用滤纸擦干，插入 25.00 mL 醋酸溶液中，开启搅拌 2～3 min 至读数恒定不变，停止搅拌 30 s 后，记录 pH。滴定一定体积的 NaOH，搅拌 2～3 min 至读数恒定不变，停止搅拌 30 s 后，记录 pH。重复操作，滴加 NaOH、搅拌、停止、记录，直至 pH 到 12 以上。

6. 结果处理和数据分析

① 列表并记录 V_{NaOH} 和 pH，以 V_{NaOH}、pH 分别为横、纵坐标作图：pH 数据从 0.00 至 5.00 每隔 1 mL 测定一次，从 5.00 到 6.50 每隔 0.1 mL 测定一次，往后每隔 1 mL 测定一次，至 pH＞12。

② 计算弱酸的离解常数 K_a，由式（4-20）计算。

五、思考题

1. 用电位滴定法确定终点与指示剂法相比有何优缺点？

2. 实验中为什么要加入 5.0 mL 1.00 mol/L KCl？

六、注意事项

1. 玻璃电极使用时必须小心，以防损坏。

2. 新的或长期未用的玻璃电极使用前应在蒸馏水或稀 HCl 中浸泡 24 h。

4.3 伏安分析实验

4.3.1 原理与仪器简介

伏安分析（voltammetric analysis）是一种特殊形式的电解分析。它通过以小面积的工作电极与参比电极共同组成电解池，对被分析物质的稀溶液进行电解，并依据所得到的电流-电压曲线来进行分析。这类方法以固定或固态电极作为工作电极，如悬汞电极、石墨、Pt电极等。

伏安法既有别于近乎零电流状态下的电位分析法，亦不同于溶液组成会发生极大改变的电解分析法。鉴于其工作电极的表面积较小，即便有电流通过，电流数值也极为微小，因此溶液的组成基本维持不变。几乎所有能够在电极上进行还原或氧化的无机离子以及有机化合物，都可以运用伏安法来测定，因此它在实际中的应用范围相当广泛。此外，借助间接测定与电流滴定的方式，还能够测定一些在电极上不发生反应的物质。常用的伏安法有溶出伏安法和循环伏安法等。

4.3.1.1 溶出伏安法

溶出伏安法是一种高灵敏度的痕量分析方法，它是以极谱法为基础发展起来的。其操作分为两步：预电解过程、溶出过程（图4-4）。预电解过程是需要在搅拌溶液以及恒电位的条件下进行操作的。施加在电极上的电位，即能够使被测物质产生极限电流的电位。预电解的目的在于富集。预电解结束后，停止搅拌30～60 s，这段时间称作休止期。溶出过程的主要方法包括单扫描极谱法、脉冲极谱法等。在溶出时，若工作电极上发生还原反应，则称之为阴极溶出伏安法；若发生氧化反应，则称之为阳极溶出伏安法。溶出峰电流（峰高）的大小与被测物质浓度成比例，这是定量分析的基础。常用于阳极溶出伏安法的工作电极包括悬汞电极、汞膜电极等。

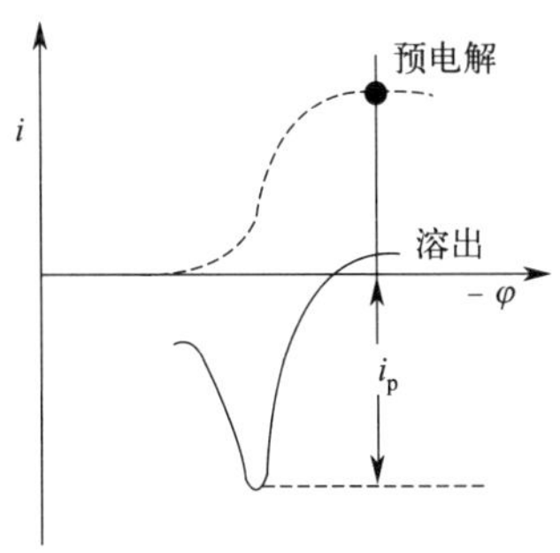

图4-4 溶出伏安法原理图

4.3.1.2 循环伏安法

循环伏安法是在固定面积的工作电极和参比电极之间加上对称的三角波扫描电压，记录工作电极上得到的电流与施加电位的关系曲线（图 4-5）。

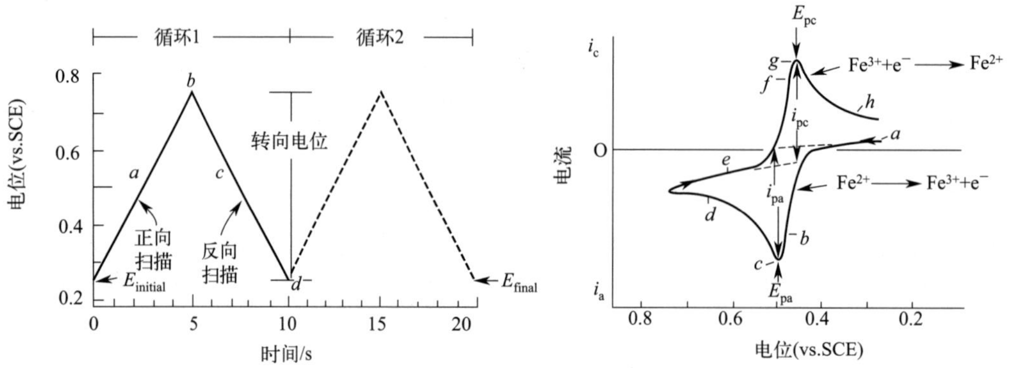

图 4-5 三角波电位扫描曲线（左）和循环伏安法电流-电位曲线（右）

循环伏安法可作用于可逆的电极过程，也可作用于不可逆或准可逆的电极过程以及各种伴随后行反应的过程，不同的过程分别表现不同的循环伏安图，得到不同的参数。这些参数包括阳极峰电流 i_{pa}、阴极峰电流 i_{pc}、阳极峰电位 E_{pa}、阴极峰电位 E_{pc}、峰电位差ΔE_p、峰电流之比 i_{pa}/i_{pc}。从循环伏安图的波形、氧化还原峰电流的数值及其比值、峰电位等可以判断电极反应机理以及电极反应的可逆性（图 4-6）。

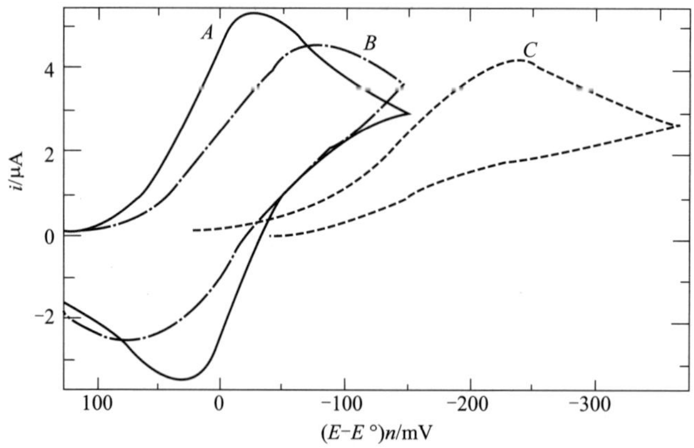

图 4-6 电极过程可逆性判断

$$\Delta E_p = \varphi_{pa} - \varphi_{pc} \approx \frac{0.056}{n} \tag{4-21}$$

$$\frac{i_{pa}}{i_{pc}} \approx 1 \tag{4-22}$$

电化学工作站是电化学分析、研究和教学的理想工具，可广泛应用于环境、能源、材料、生物、制药及冶金等各个领域。它是一种通用型电化学分析系统，常见如 CHI 系列电化学工作站（实验室用）、EmStat4X LR（便携式）等（图 4-7）。

图 4-7　实验室用电化学工作站 CHI760D（左）与便携式电化学工作站 EmStat4X LR（右）

与此同时，传统的电化学工作站往往体积庞大、重量重，不易携带，难以满足现场检测和快速分析的需求。在这样的背景下，掌上型电化学工作站应运而生，其以便携、高效、精准的特点，引领着便携式电化学分析的未来。

4.3.2　实验部分

实验 1
阳极溶出伏安法测定镉

一、实验目的

1. 了解阳极溶出伏安法的核心基本原理。
2. 深入学习溶出伏安法的应用。

二、基本原理

阳极溶出伏安法的操作主要分为两个步骤：其一为预电解，其二是溶出。在对试液进行除氧处理后，金属离子于产生极限电流的电位位置处，在工作电极上进行电解并富集，随后保持静止状态 30 s 或 1 min。接着，以特定的方式使工作电极的电位由负向正的方向进行扫描，此时电极上富集的金属会再度被氧化，进而记录阳极波。峰电流与被测离子的浓度呈比例关系。

峰电流的数值大小受到预电解时间、预电解过程中搅拌溶液的速度、预电解电位、工作电极的特性以及溶出方式等多种因素的综合影响。必须严格控制实验条件，才可以获得好的重现性结果。

三、仪器与试剂

1. 仪器

CHI660E 电化学工作站、银基汞膜电极（工作电极）、铂丝电极（辅助电极）、Ag/AgCl 电极（参比电极）、电解池、移液管、容量瓶。

2. 试剂

1.00×10^{-3} mol/L Cd^{2+} 标准溶液、0.25 mol/L KCl 溶液、0.10 mo/L HCl、未知镉试液（废水样本）、饱和 Na_2SO_3 溶液、0.10 mol/L $NH_3 \cdot H_2O$-NH_4Cl 溶液、HNO_3、0.10 mol/L KCl 溶液。

四、实验操作

1. 电极的准备

（1）银基汞膜电极

首先，借助湿滤纸沾取去污粉，将电极表面擦拭干净，随后用蒸馏水冲洗。接着，把电极浸泡在 1∶1 HNO_3 中，待电极表面刚变白时，立即用蒸馏水冲洗并沾汞。沾汞时往往会出现浸润性不佳的情况，此时可以用干滤纸把沾有少量汞的电极表面擦拭均匀并使其光亮，再用 1∶1 HNO_3 将此汞膜溶解，蒸馏水洗净后重新涂汞膜。每次沾涂一滴汞（4～5 mg），涂汞需在 Na_2SO_3 除 O_2 的氨水中进行。

对于新制备的银基汞膜电极，应在 0.10 mol/L KCl（Na_2SO_3 除 O_2）中于 −1.8 V（vs. Ag/AgCl 电极）阴极化并正向扫描至 −0.2 V，反复扫描 3 次后电极便可使用。

实验结束后，将该电极浸在 0.10 mol/L $NH_3 \cdot H_2O$-NH_4Cl 溶液中待用。

（2）Ag/AgCl 电极

首先，将银电极表面用去污粉擦拭干净。之后，将银电极置于 0.10 mol/L HCl 中进行氯化处理。以银电极为阳极，铂电极为阴极，外加 +0.5 V 电压后银电极表面逐步呈暗灰色。将电极换向处理，可以使得制备的电极性能稳定，即以银电极为阴极，铂电极为阳极，外加 1.5 V 电压使银电极还原表面变白，然后再进行氯化操作。如此反复多次，制得 Ag/AgCl 电极。

实验结束后，将电极浸在 0.10 mol/L KCl 溶液中待用。

2. Cd^{2+} 浓度与溶出峰电流的关系

用吸量管准确移取 1.00×10^{-3} mol/L Cd^{2+} 标准溶液 0.00 mL、0.40 mL、0.80 mL、1.20 mL、2.00 mL 于 5 个 50 mL 容量瓶中，再分别加入 10 mL 0.25 mol/L KCl、5 滴饱和 Na_2SO_3 溶液，用蒸馏水稀释至刻度处，摇匀待用。

以银基汞膜电极为工作电极，Ag/AgCl 电极为参比电极，在 −1.0 V 电压下预电解 2 min，静止 30 s 后向正方向扫描溶出，记录阳极波，并分别测量峰高。

3. 废水中 Cd^{2+} 的测定

准确移取试液 10 mL 于 50 mL 容量瓶中，加入 10 mL 0.25 mol/L KCl、5 滴饱和

Na_2SO_3 溶液，用蒸馏水稀释至刻度，摇匀。在上述同样条件下进行溶出测定，记录阳极波并测量峰高。

4. 结果处理和数据分析

① 绘制峰高-Cd^{2+} 浓度标准曲线。

② 根据标准曲线计算试液中 Cd^{2+} 浓度，以 mol/L 表示。

五、思考题

1. 为什么溶出伏安法具有较高的灵敏度?

2. 哪几步实验步骤应严格控制，以提高实验结果的准确度和重现性?

3. 镉作为一种重金属，对人体健康具有一定的危害性。请从“人民健康”的角度，简述伏安法检测在水样中重金属尤其是镉元素含量测定方面的重要性。

实验 2
循环伏安法测定电极有效表面积

一、实验目的

1. 学习和掌握循环伏安法的原理和实验技术。

2. 掌握测算铂电极有效面积的方法。

二、基本原理

循环伏安法是一种特殊的氧化还原分析方法。其特殊性主要表现在实验的工作环境是三电极电解池，即工作电极（铂电极）、参比电极（银/氯化银电极）、辅助电极（铂丝电极）。当加一快速变化的电压信号于电解池上，工作电极电位达到开关电位时，将扫描方向反向，所得到的电流-电位（I-E）曲线，称为循环伏安曲线（图 4-8）。循环伏安曲线显示一对峰，称为氧化还原峰。在一定的操作条件下，氧化还原峰高度与氧化还原组分的浓度成正比，可利用其进行定量分析。

有关电极有效面积的计算，可根据 Randles-Sevcik 公式：

在 25 °C 时，

$$i_p = (2.69\times10^5)n^{3/2}AD_o^{1/2}v^{1/2}c_o \quad (4\text{-}23)$$

式中，A 为电极的有效面积，cm^2；D_o 为反应物的扩散系数，cm^2/s；n 为电极反应的电子转移数；v 为扫速，V/s；c_o 为反应物的浓度，mol/cm^3；i_p 为峰电流，A。

三、仪器与试剂

1. 仪器

电化学工作站、铂电极、铂丝电极、银/氯化银电极。

2. 试剂

5.00×10^{-3} mol/L $K_3Fe(CN)_6$溶液（含 0.10 mol/L KCl）。

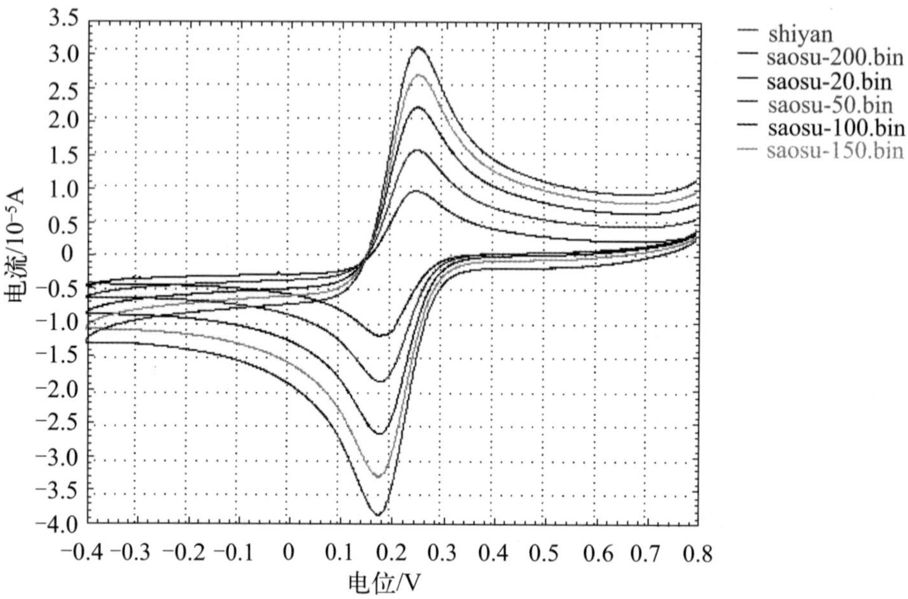

图 4-8　不同扫速时的循环伏安图

四、实验操作

1. 加入适量 5.00×10^{-3} mol/L $K_3Fe(CN)_6$ 溶液（含 0.10 mol/L KCl）至电解杯中。

2. 将铂电极在麂皮上用抛光粉抛光后，再用蒸馏水清洗干净；然后用超声波清洗，待用。

3. 依次接上工作电极、参比电极和辅助电极。

4. 开启电化学系统及计算机电源开关，启动电化学程序，在菜单中依次选择 Setup、Technique、CV、Parameter，输入以下参数：

Init E/V	0.8	Segment	2
High E/V	0.8	Sample Interval/V	0.001
Low E/V	−0.2	Quiet Time/s	2
Scan Rate/(V/s)	0.02	Sensitivity/(A/V)	2×10^{-5}

5. 点击 Run 开始扫描，将实验图存盘后，记录氧化还原峰电位 E_{pc}、E_{pa} 及峰电流 i_{pc}、i_{pa}。

6. 改变扫速为 0.05 V/s、0.10 V/s、0.15 V/s 和 0.20 V/s，分别作循环伏安图。

7. 结果处理和数据分析

① 测算铂电极有效面积。

ν/(V/s)	E_{pa}/V	E_{pc}/V	ΔE_p/V	$i_{pa}/10^{-5}$A	$i_{pc}/10^{-5}$A	i_{pa}/i_{pc}
0.02						
0.05						
0.10						
0.15						
0.20						

② 电极有效面积的计算。

在 25 ℃时，i_{pc} 由式（4-23）计算。

③ 绘制 $K_3Fe(CN)_6$ 的氧化还原峰电流 i_{pc}、i_{pa} 分别与扫速的平方根 $v^{1/2}$ 的关系曲线，并计算所使用的铂电极的有效面积［所用参数：电子转移数 $n=1$，$K_3Fe(CN)_6$ 的扩散系数 $D_o=1.00\times10^{-5}\ cm^2/s$］。

五、思考题

1. 从循环伏安图可以测定哪些电极反应的参数？从这些参数如何判断电极反应的可逆性？

2. 如何判断玻碳电极表面处理的程度？

实验 3

（设计实验）借助中介体 $Ru(NH_3)_6^{3+}$ 实现对不同浓度硫化物的间接 CV 检测

一、实验目的

1. 学习和掌握电化学工作站、各种电极的使用。
2. 了解循环伏安法的原理和实验技术以及在电极反应机理研究中的应用。
3. 了解循环伏安法的电化学检测方式。

二、基本原理

除了常用的直接检测方式外，循环伏安法还可以实现一些靶标的间接检测。如利用电化学方法可以实现对环境中硫化氢（H_2S）的连续、原位检测。通常硫化物会在电极上发生如下电极反应：

$$H_2S \longrightarrow S + 2H^+ + 2e^- \tag{4-24}$$

$$HS^- + OH^- \longrightarrow S + 2e^- + H_2O \tag{4-25}$$

但硫层的沉积会使工作电极钝化，降低灵敏度并引起性能变化。为了解决此问题，中介体 $Ru(NH_3)_6^{3+}$ 可以在中性溶液中（pH=7.4）催化包括 HS^- 和 H_2S 在内的自由硫化物的氧化（图 4-9），借助此原理成功实现电化学监测硫化氢，电极反应如式(4-26)、式(4-27)所示（在 pH=7.4 下，电化学可以检测的形式最多的是 HS^-）。

$$2Ru(NH_3)_6^{3+} + H_2S(\text{或 } HS^-) \longrightarrow S + 2H^+ + 2Ru(NH_3)_6^{2+} \tag{4-26}$$

$$2Ru(NH_3)_6^{2+} \rightleftharpoons 2Ru(NH_3)_6^{3+} + 2e^- \tag{4-27}$$

三、仪器与试剂

1. 仪器

CHI 电化学工作站，铂、金、玻碳等圆盘电极，铂丝（片）电极和银/氯化银电极，饱和甘汞电极，丝网印刷电极（SPE）。

2. 试剂

0.10 mol/L 六氨合钌 [$Ru(NH_3)_6Cl_3$]、1.00 mol/L 硫化钠水溶液、磷酸盐缓冲溶液。

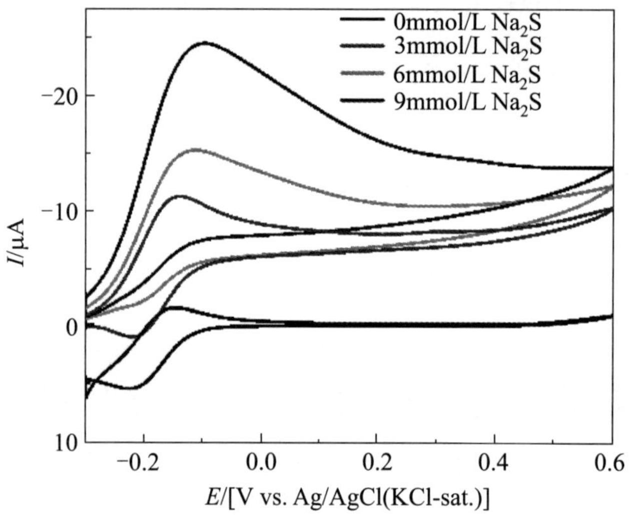

图 4-9 裸电极上实现了对不同浓度硫化物的初步检测

四、实验操作

1. 在电解池中加入 9.9 mL；磷酸盐（PBS）缓冲溶液（pH=7.0）。

2. 再加入 0.1 mL 0.10 mol/L $Ru(NH_3)_6Cl_3$ 溶液，记录为样品 1。

3. 重复以上操作 3 次，得 3 组电解溶液，向其中分别加入 1.00 mol/L 硫化钠水溶液 30 μL、60 μL、90 μL，记录为样品 2～样品 4。

4. 依次将已处理好的工作电极（玻碳电极）、辅助电极（铂丝电极）和参比电极（银/氯化银电极）插入装有步骤 2、3 中 4 个样品的电解池中。

5. 启动电化学程序，在菜单中依次选择 Setup、Technique、CV、Parameter，输入以下参数：

Init E/V	−0.3	Sweep Segment	2
High E/V	0.6	Sample Interval/V	0.001

续表

Low E/V	−0.3	Quiet Time/s	2
Scan Rate/(V/s)	0.05	Sensitivity/(A/V)	1×10^{-4}
Final E/V	−0.3		

6. 点击 Run 开始扫描，待扫描结束，记录循环伏安图，每个样品重复 6 次，并记录保存循环伏安图。

7. 将得到的 4 条实验数据在电化学工作站中进行图形叠加（在菜单中依次选择 Graphics、Overlay plots），进行叠加分析，并截图成图片等（在菜单中依次选择 Graphics、copy to clipboard）。点击 Run 开始扫描，待扫描结束，记录循环伏安图，每个样品重复 6 次，并记录保存循环伏安图。

8. 结果处理和数据分析：观察借助中介体 $Ru(NH_3)_6^{3+}$ 如何实现对不同浓度硫化物的间接 CV 检测并附机理。

五、思考题

1. 如何理解电化学直接检测与间接检测？
2. 如何理解循环伏安法在电极电化学表征中的应用？

第5章

热分析实验

5.1 热重分析实验

5.1.1 仪器结构和原理

热重分析法（thermogravimetry analysis，简称 TG 或 TGA）主要通过对样品进行热处理，在一定的温度程序（升/降/恒温）控制下，观察样品的质量随温度或时间的变化，从而揭示样品的热稳定性、组成和分解特性。在 TGA 测试中，样品通常在惰性气体（如氮气或氩气）或氧化气氛（如空气或氧气）中受热。随着温度的升高，样品可能会发生脱水、分解、氧化、还原或其他化学反应，这些反应通常伴随着样品质量的变化。TGA 仪器通过高精度天平实时监测并记录样品质量的变化，同时配合温度的变化曲线，生成热失重曲线（TGA 曲线）。利用该方法，可以测定材料在不同气氛下的热稳定性与氧化稳定性，可对分解、吸附、解吸、氧化、还原等物化过程进行分析（包括利用 TGA 测试结果进一步研究表观反应动力学），可对物质进行成分的定量计算，测定水分、挥发成分及各种添加剂与填充剂的含量。目前，该方法广泛应用于塑料、橡胶、涂料、药品、催化剂、无机材料、金属材料与复合材料等各领域的研究开发、工艺优化与质量监控。

TGA 仪器的结构通常包括以下几个关键部分：

（1）样品坩埚

样品坩埚是放置样品的地方，通常由耐高温、化学性质稳定的材料制成，如氧化铝坩埚、铝坩埚、石墨坩埚、石英坩埚或铂金坩埚。样品坩埚的形状和尺寸会影响热传递和气体流动，因此在实验中需要根据样品的特性选择合适的坩埚。

（2）微量天平系统

电子天平是 TGA 的核心部件之一，它能够精确测量样品的质量变化。天平的精度通常在微克（μg）级别，能够检测到极小的质量变化。天平安装在恒温区域内，以减少温度波动和热辐射对质量测量的影响。

（3）程序控制系统

加热系统负责提供控制温度的热源，通常采用电阻加热的方式，能够在较宽的温度范围内（如室温到 1000 ℃甚至更高）进行线性、恒速或恒温加热。温度控制系统包括热电偶或其他温度传感器，用于精确监测和反馈控制加热速率。

（4）气氛控制系统

气氛控制系统用于控制样品池周围的气氛种类和流速，常用的气氛包括氮气、氧气、空气、氩气等。气氛的选择和控制对实验结果有重要影响，可以用于探究材料的氧化、还原特性或反应机理。

（5）数据采集与处理系统

数据采集系统记录样品质量和温度的变化，并将这些数据实时传输至计算机进行处理。数据处理软件通常提供多种分析工具，如一阶导数曲线（DTG）、质量损失百分比计算、热稳定性评价等。

5.1.2 TG 209 F1 的简介和操作规程

（1）至少提前 1 h 打开恒温水浴，设定温度为高于室温 2～3 ℃，点击 OK 确认。

（2）提前 30 min 打开所有单元和电脑，打开软件与仪器建立连接。

（3）根据测试要求，打开气体阀门，压力为 0.05 MPa；建议流量：Protective 为 10 mL/min；Purge1/Purge2 为 20 mL/min。

（4）用“气泡法”检查出气通道，确保排气口通畅。

（5）样品准备：称重（须精确到 0.01 mg）。

（6）打开测量软件，设定测量参数，开始测试。

① 使用 BeFlat 智能基线修正方式，则可直接点击“文件”⟶“新建”，在弹出的“测量设定”对话框中切换到“基本信息”选项卡，在“测量类型”中选择“样品”，在“基本信息”页面中，输入实验室、操作者、样品名称、样品编号等相关信息（图 5-1）。

② 点击“温度校正”右侧的“选择…”，打开相关的温度校正文件。

③ 若使用内部天平称重（推荐），则点击“样品质量”右侧的“称重”按钮；在弹出的对话框中，按照提示进行样品称重（图 5-2）。

④ 先插入空坩埚，关闭炉体，等待质量信号稳定，随后点击“清零”，再打开炉体，将坩埚取出，装样，再放入，关闭炉体，待质量信号稳定后点击“保存”并“确定”，软件会自动读取 TG 质量信号填入“样品质量”一栏中（图 5-3）。

⑤ 确认气体设置，如需改变，可点击“改变气体”按钮进行更改。

⑥ 编辑温度程序，如图 5-4 所示，使用右侧的“步骤分类”列表与“增加”按钮逐个添加各温度段，并使用左侧的“段条件”列表为各温度段设定相应的实验条件。

⑦ 温度程序编辑完成后，点击“下一步”，弹出如图 5-5 所示的设定测量文件名对话框；选择存盘路径，设定文件名，设定完成后点击“保存”，回到“测量设定”的主界面。

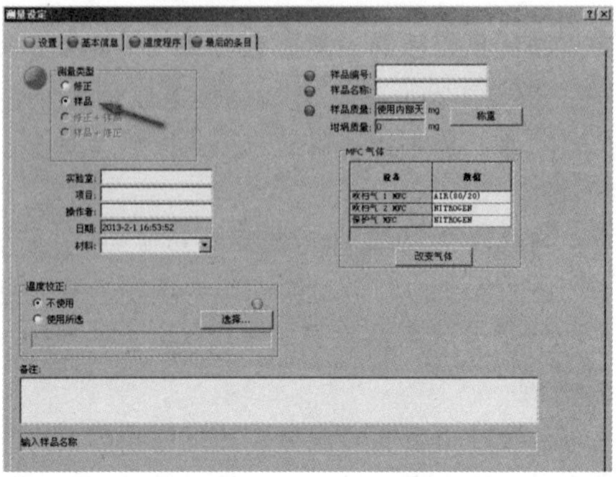

图 5-1 编辑“基本信息”页面

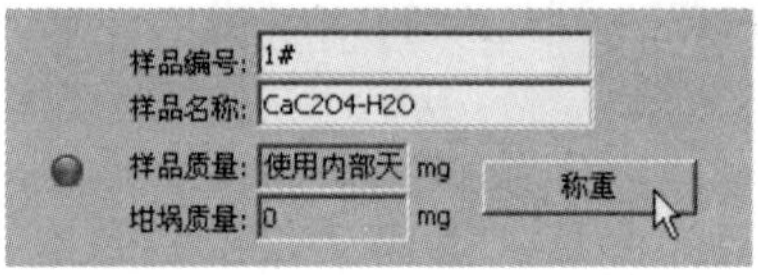

图 5-2 样品称重

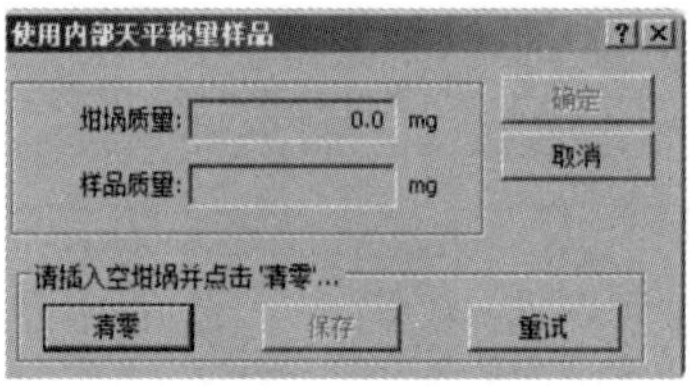

图 5-3 自动读取样品质量

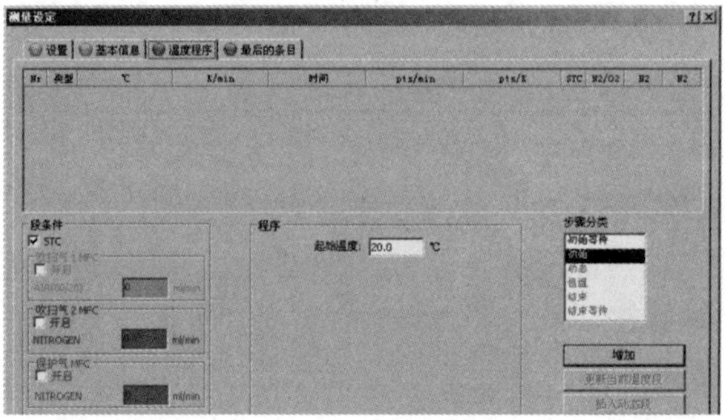

图 5-4 编辑温度程序

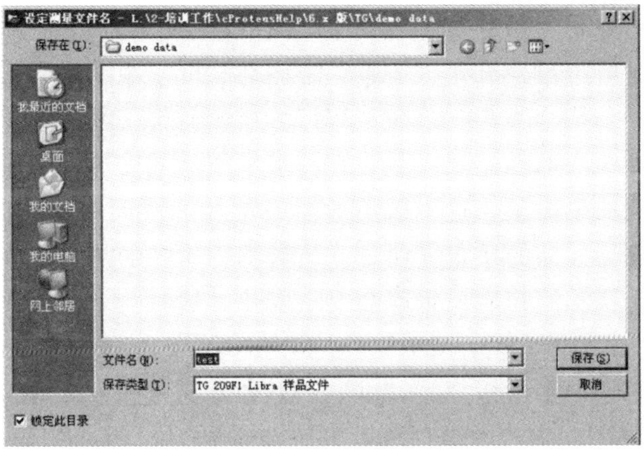

图 5-5　保存文件

⑧ 点击“测量”或“下一步”按钮，弹出“TG209F1 在…调整”对话框。点击“初始化工作条件”，内置的质量流量计将根据实验设置自动打开各路气体并将其流量调整到“初始”段的设定值。

⑨ 观察仪器状态满足如下条件：a. 炉体温度、样品温度相近而稳定，且与设定起始温度相吻合；b. 气体流量稳定；c. TG 信号稳定基本无漂移。确认无误后，点击“开始”进行测量。

(7) 测试结束后，打开分析软件，进行测试结果分析。

(8) 取出样品：温度至少低于 100 ℃，才能打开炉盖，拿出坩埚。

5.1.3　实验部分

实验　热重分析法测定聚合物的热稳定性能

一、实验目的

1. 掌握热重分析的实验技术。
2. 从 TGA 图谱上分析聚合物水分含量、热分解温度等。

二、基本原理

热重分析（简称 TGA 或 TG）主要研究物质在加热时质量的变化，通常是在程序升温以及设定气氛下测量样品的质量随温度变化的曲线，也可以设定温度和气氛下测量样品质量随时间变化的曲线。TGA 可以测定聚合物中水分、挥发物和残渣含量，还可以测定其氧化降解、固化反应程度等。

热重分析法定量性强，只要物质受热时发生重量的变化，就可以用热重分析法来研究其变化过程，准确地测量物质的质量变化及变化的速率。热重分析法可以研究晶体性质的变化，如蒸发、升华、熔化和吸附等物质的物理现象；也可以研究物质的热稳定性、脱水、解离、分解过程、氧化、还原、添加剂与填充剂影响、水分与挥发物、反应动力学等化学现象。

热重分析所用的核心部件是热天平，它的基本原理是加热过程中样品质量变化所引起的天平位移量转化成电磁量，这个微小的电磁量经过放大器放大后通过记录仪记录，而电磁量的大小正比于样品的质量变化量。当被测物质在加热过程中有升华、汽化、分解或失去结晶水时，被测的物质质量就会发生变化，这时热重曲线就不是直线而是有所下降。

通常所说的微商热重分析又称为导数热重分析（derivative thermogravimetry，DTG），它是 TGA 曲线对温度（或时间）的一阶导数。以物质的质量变化率（dm/dt）对温度 T（或时间 t）作图，即得 DTG 曲线。DTG 曲线上的峰替代 TGA 曲线上的阶梯，峰面积正比于试样质量。DTG 曲线可以微分 TGA 曲线得到，也可以用适当的仪器直接测得，和 TGA 相比，DTG 的分辨力明显提高。热重法试验得到的曲线称为热重曲线（TGA 曲线），如图 5-6 所示。TGA 曲线以质量为纵坐标，从上至下表示质量减少；以温度（或时间）为横坐标，自左至右表示温度（或时间）增加。

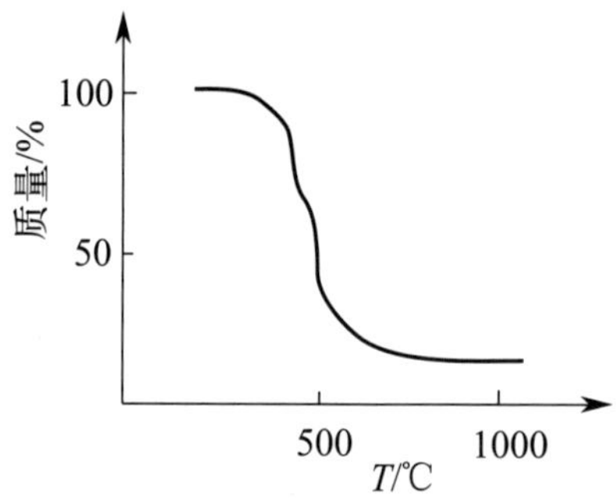

图 5-6 典型的 TGA 曲线图

三、仪器与试剂

1. 仪器

德国耐驰公司 TG 209 F1 热分析仪。

2. 实验材料

聚甲基丙烯酸甲酯颗粒或粉末。

四、实验操作

1. 开机后，首先调整保护气及吹扫气体输出压力及流速，并使其稳定。

2. 测试前必须保证加热炉内温度降至室温。

3. 打开炉体，将样品装在坩埚中并置于样品支架上，放下炉体。

4. 编辑测试程序。测试温度：25～400 ℃；环境其他氛围：氮气；升温速率：5 ℃/min、10 ℃/min、20 ℃/min。测试不同的升温速率对结果的影响。

5. 启动仪器测量。

6. 测试结束，待温度降到 100 ℃以下后打开炉体取出样品，进行下一组实验。

7. 利用数据处理软件对测试结果进行分析。

8. 实验记录及结论。从计算机中导出数据，分析各温度下的失重量及其原因。

五、思考题

1. 从 TGA 曲线上可看出，基线并非是一条平行于横坐标的直线，试分析其原因。

2. 从 TGA 曲线上可以得到聚合物的哪些信息？

3. 微商热重分析较之热重分析，有哪些优势？

4. 新材料是“新质生产力”的战略性新兴产业之一。简述热重分析技术在新材料研发方面的应用。

六、注意事项

1. 保持样品坩埚清洁，应使用镊子夹取样品，避免用手触摸。装完样品后，注意坩埚的外底部及坩埚外围不要粘有样品。

2. 应尽量避免在仪器极限温度（1000 ℃）附近进行长时间恒温操作。

3. 实验完成后，须等炉温降到 100 ℃以下后才能打开炉体。

4. 仪器最大和最小升温速率为 50 ℃/min 和 0.1 ℃/min，推荐使用升温速率为 5～10 ℃/min。

5. 称量样品时要保持体系恢复至室温。

5.2 差示扫描量热分析实验

5.2.1 仪器结构和原理

差示扫描量热法（differential scanning calorimetry，DSC）是一种热分析法，其原理为在程序控制温度下，测量输入到试样和参比样的功率差（如以热的形式）与温度的关系。利用差示扫描量热仪记录到的曲线称 DSC 曲线，它以样品吸热或放热的速率，即热流率 $\mathrm{d}H/\mathrm{d}t$（单位 mJ/s）为纵坐标，以温度 T 或时间 t 为横坐标。利用差示扫描量热仪可以测定物质的多种热力学和动力学参数，例如，比热容、反应热、转变热、反应速率、结晶速率、高聚物结晶度、样品纯度等。图 5-7 是差示扫描量热法（DSC）仪器结构示意图。以放热为例，当样品发生热效应时样的温度高于参比样温度，这一温度差异可以通过与样品、参比样连接的差示热电偶记录，即温差电势 $U_{\Delta T}$。这一温度差异可以通过调节电热丝的电流大小自动进行补偿，例如使样品下面的加热丝电流 I_s 减小，参比样下面的电流 I_R 增大，而（I_s+I_R）保持恒定值，最终使样品与参比样之间的温差 ΔT 趋于零。在 DSC 的测试过程中，热量补偿需要及时、迅速完成，样品和参比样的温度始终维持相同，热电偶的精确度和响应速度是 DSC 高精度测量的关键。DSC 仪器有两种类型：热通量型和功率补偿型，其数据在热谱上的表示方式并不相同。在原始数据中，热通量型 DSC 通常表明正向放热变化；而在功率补偿型 DSC 中，吸热变化（正焓变）为正方向。因此，在绘制 DSC 曲线时应通过在纵坐标上标记吸热（endothermic，简称 Endo）或放热（exothermic，简称 Exo）的方式确定曲线放热和吸热变化的方向。功率补偿型 DSC 的灵敏度低于热通量型 DSC，但分辨率更高、响应时间更快，这使得功率补偿型 DSC 非常适合进行动力学研究。

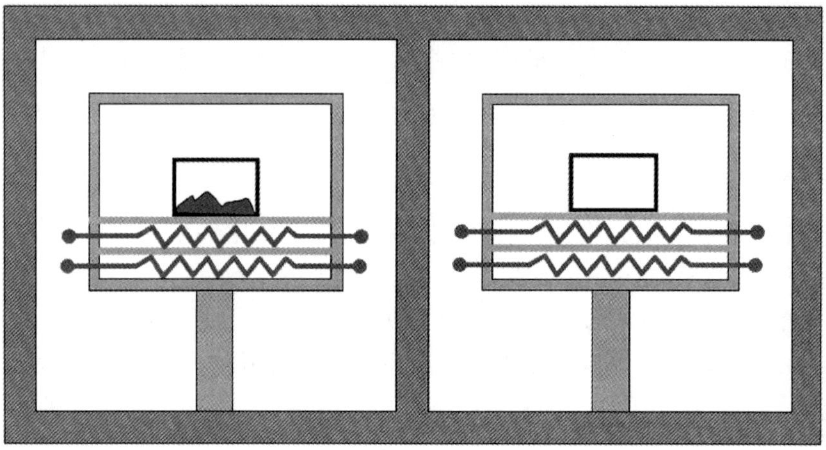

图 5-7　功率补偿型 DSC 示意图

在实验中，样品与参比样两侧的补偿加热丝电阻值均为 R，对应的补偿加热丝电功率分别为 $P_S=I_S^2R$ 和 $P_R=I_R^2R$。当样品无热效应时，样品坩埚的比热容恒定，满足 $P_S=P_R$。然而，当样品发生热效应时，样品坩埚的比热容随温度变化，导致 P_S 和 P_R 之间的功率差 ΔP 能反映样品放（吸）热的功率，其功率差计算如下：

$$\Delta P=P_S-P_R=(I_S^2-I_R^2)R=(I_S+I_R)(I_S-I_R)R=(I_S+I_R)\Delta U=I\Delta U \quad (5\text{-}1)$$

由于总电流 $I=I_S+I_R$ 是恒定值，因此样品的放热或吸热功率 ΔP 与 ΔU 成正比。随温度 T（或时间 t）变化的 ΔP 反映了样品放热或吸热速率的变化，也就是 DSC 测量获得的热谱曲线。在 DSC 曲线中，峰面积代表维持样品与参比样温度相等所需的电能量，可用于相变过程中热效应的定量分析。DSC 曲线的纵坐标代表样品放热或吸热的速率（mJ/s），横坐标为温度 T（或时间 t）。实验中规定，吸热峰向下，放热峰向上。样品放热或吸热的热量通过积分公式计算：

$$\Delta Q=\int_{t_1}^{t_2}\Delta P'\mathrm{d}t \quad (5\text{-}2)$$

式(5-2) 积分的右边为峰面积 A，表示热量的直接度量，即 DSC 直接测量热效应的热量。由于样品和参比样与补偿加热丝之间存在热阻，部分补偿热量会耗散，因此实际的热效应热量为 $\Delta Q=KA$，其中 K 为仪器常数，通过标准物质实验确定。K 值在不同温度和操作条件下保持不变。此外，样品和参比样与热电偶的热阻可以尽可能减小，这使得 DSC 对热效应的响应快、灵敏度高且峰的分辨率良好。

典型聚合物的 DSC 曲线如图 5-8 所示。当样品的温度升至玻璃化转变温度 T_g 时，热容增加，样品需要吸收更多的热量以维持与参比样相同的温度，导致基线发生位移。对于结晶性但处于过冷非晶状态的样品，随着温度上升，分子链的热运动恢复，在 T_c 发生冷结晶，释放大量结晶热，产生一个放热峰。继续升温时，样品的结晶熔融并吸热，形成吸热峰。若进一步升温，样品可能发生氧化或交联反应，出现放热峰。最终在高温下样品会分解，伴随吸热现象，形成另一个吸热峰。需要注意的是，并非所有聚合物样品都会经历上述所有的物理和化学变化。

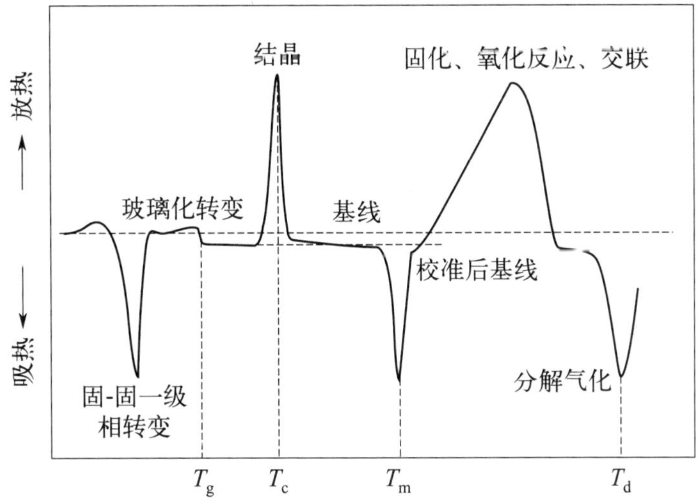

图 5-8　聚合物试样的 DSC 曲线的模式图

常见的 DSC 曲线分析方法如下：

(1) 玻璃化转变温度 T_g 的确定

在玻璃化转变前后，分别在基线上作切线，然后在实验曲线上选择一点，使该点平分两条切线之间的距离 Δ［图 5-9(a)］。该点对应的温度即为 T_g。

(2) 熔点 T_m 的确定

对低分子纯物质，如苯甲酸［图 5-9(b)］，从峰的前部斜率最大处作切线，与基线延长线相交，交点所对应的温度即为 T_m。对聚合物［图 5-9(c)］，从峰的两侧斜率最大处作切线，取两条切线的焦点所对应的温度作为 T_m，也可以直接取峰顶温度作为 T_m。冷结晶温度 T_c 通常也取峰顶温度。

（3）峰面积的计算

如图 5-9(d) 和图 5-9(e) 所示，峰面积可以通过计算或数格法、剪纸称重法等方法获得。如果峰前峰后基线基本呈水平且峰形对称，则面积可按照峰高乘半宽度来计算，即 $A = h t_{1/2}$，如图 5-9（f）所示。

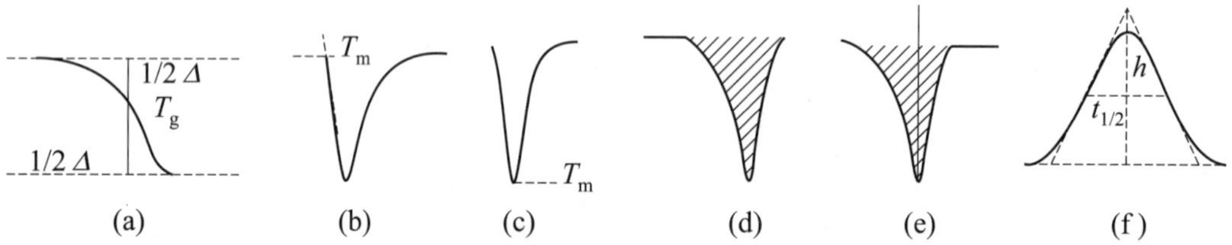

图 5-9　T_g、T_m 的峰面积的确定

根据峰（谷）面积，可以计算样品的热效应。DSC 曲线中的峰面积与样品吸放热量直接相关：$\Delta Q = KA$。根据 K 值、样品质量和峰面积，可求得样品的熔融热 ΔH_1（J/mg）。若已知完全结晶样品的熔融热 ΔH_f^*，则样品的结晶度 X_D 可按式(5-3) 计算：

$$X_D = \Delta H_f / \Delta H_f^* \times 100\% \tag{5-3}$$

5.2.2　DSC 2500 的简介和操作规程

5.2.2.1　开机流程

① 打开高纯氮气，出口压力不高于 140 kPa（20 psi）。

② 打开 DSC 2500 仪器电源开关，直至出现图 5-10（右）显示的界面，开机完成。

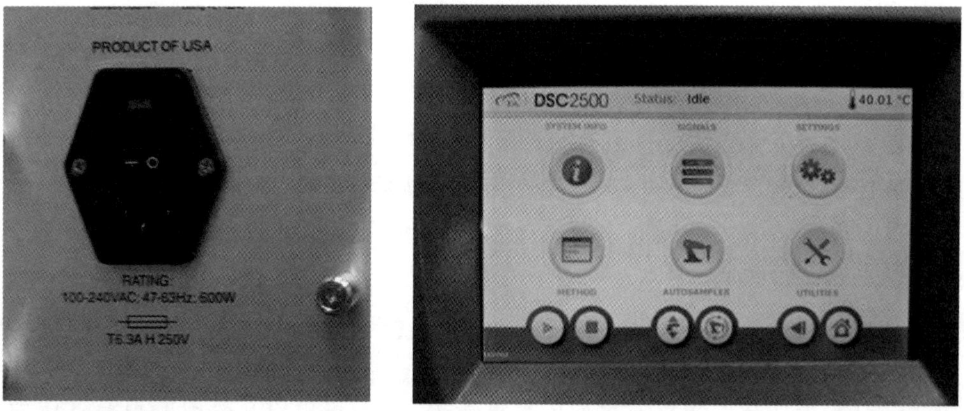

图 5-10　仪器电源开关（左）和仪器开机完成界面（右）

③ 启动计算机，然后打开软件 TRIOS，并与仪器取得联机。

④ 机械制冷 RCS：打开机械制冷设备电源开关，选择软件控制（Event），勿动手动控制（Manual）。Event 控制：在 TRIOS 控制软件【Control Panel】→【General】→【RCS Off】→【RCS On】，开启 RCS（图 5-11）。当 Flange Temperature 降低时，表明 RCS 已开始工作。

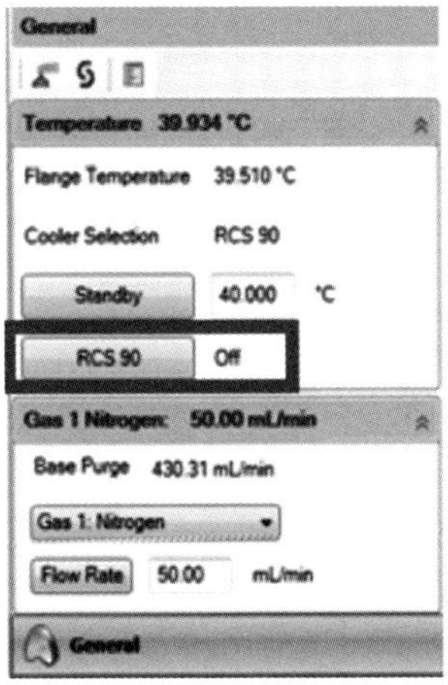

图 5-11 机械制冷 RCS

5.2.2.2 操作步骤

（1）制样

选择合适的样品坩埚，通常固体使用非密封盘，液体使用密封坩埚；执行氧化诱导实验和光固化实验等，无须加盖。

（2）装样

将制好的样品盘放置在 DSC 2500 的样品托盘中，参比盘（同型号的空白盘）放在参比端。仪器配有自动进样器，无须手动进样。

（3）设置实验程序

启动 TRIOS 软件：启动计算机后，双击桌面上 TRIOS 图标点击在线的仪器（显示为绿色状态环），然后点击【Connect】，即可与目标仪器取得联机。

① 升温-降温模式：

下限温度：遵循 2 min 原则，即下限温度到转变起点温度至少要有 2 min 的时间，以保证样品稳定基线的形成。例如，转变开始的温度点约 70 ℃，当采用 10 ℃/min 的升温速率时，测试下限温度最高 50 ℃（图 5-12）。

上限温度：转变结束后继续加热 2 min，或样品分解 5%的温度点（取低值）。

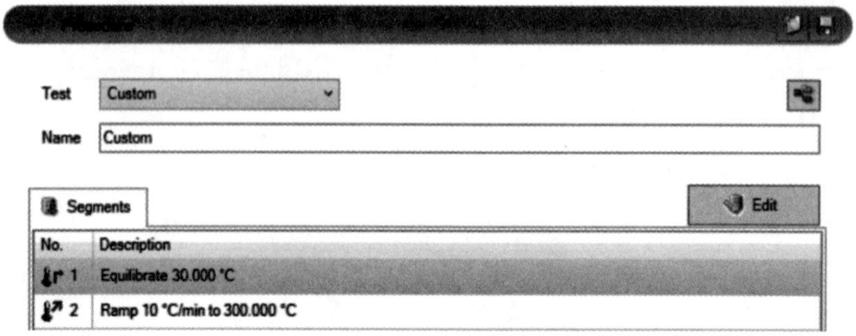

图 5-12 升温-降温模式

② 升温-降温-升温模式：

下限温度和上限温度同升温-降温模式。

第一次加热：除去在样品加工、储存、运输、制备等过程中残留的热历史，如内应力、热焓松弛等。

冷却：以恒定速率创造相同的热历史。

第二次加热：在相同热历史的情况下测定样品的转变性质（图 5-13）。

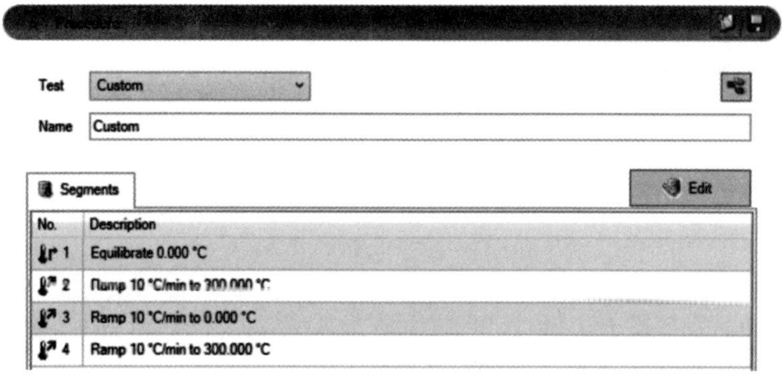

图 5-13 升温-降温-升温模式

（4）单击“Start”（左上端绿色按钮）开始实验

如需在实验过程中添加、删除、更改实验程序，在 TRIOS 软件右侧 Running Method List 中单击 Edit 来修改，如图 5-14 所示。

① 修改：单击需修改参数，输入数值。

② 添加步骤：单击 Add 进行添加。

③ 删除步骤：鼠标左键选中欲删除步骤，按 DELETE 键进行删除。

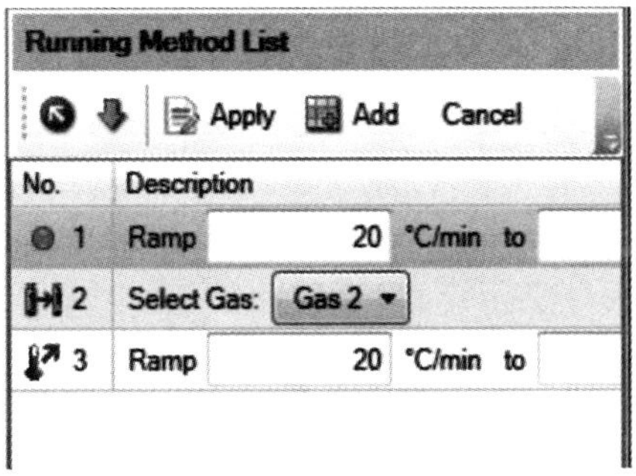

图 5-14　添加、删除、更改实验程序

（5）实验完成后，可参考“TRIOS 分析说明”进行相应的分析。

（6）数据保存

点击“Save”按钮选择保存源文件格式，右击选择导出数据（Excel 格式）。

（7）关机流程

① 如使用机械制冷 RCS，先关闭机械制冷：在 TRIOS 控制软件【Control Panel】→【General】→【RCS On】→【RCS Off】。

② 当 Signals 信号中的 Flange 温度升高至室温以上时，从 TRIOS 软件左上角图标处选择【Shut down】。

③ 待关机完成后，关闭仪器电源。

④ 关闭气体和计算机。

5.2.3　实验部分

实验
聚合物（聚乙烯、聚丙烯、聚对苯二甲酸乙二醇酯）的热谱分析

一、实验目的

1. 了解 DTA、DSC 测量的热力学原理。
2. 掌握用 DTA、DSC 测定聚合物的 T_g、T_c、T_m、X_D 的方法。

二、基本原理

在规定的等速升温（降温）的条件下，测量样品与参比样之间的温度差随温度变化的技术称为差热分析（differential thermal analysis，DTA）。DTA 装置主要由样品架、热电偶、样品容器、陶瓷或金属块、加热炉、温度控制器和记录仪组成。其核心功能通过连接电压表的两个热电偶来实现：一个热电偶置于惰性材料（如 Al_2O_3）中，另一个

置于待测样品中。随着温度的升高，若样品发生相变，电压表会出现短暂偏转。这是因为参比样吸收的热量直接用于其温度升高，而样品由于吸收潜热，温度上升速率相对较慢，导致温度差产生。

参比样的选择对获得稳定基线和精确结果至关重要，通常要求其在惰性气体（如氮气或氩气）环境中不与样品发生反应；同时，参比样应具有与样品接近的比热容、导热系数和粒度，且在测量范围内不发生相变或化学反应。常用的参比样包括三氧化二铝或煅烧氧化镁或石英砂。

样品在升温或降温过程中，若发生吸热或放热现象，差热曲线上会出现相应的吸热峰或放热峰。当样品发生玻璃化转变时，虽然没有潜热释放，但比热容会明显变化，导致差热曲线基线发生突变。样品在温度变化过程中，差热曲线的变化可以归纳为以下三种热效应：

① 吸热反应：包括结晶熔化、蒸发、升华、化学吸附、脱结晶水、二级相变（如聚合物的玻璃化转变）、气态还原等。

② 放热反应：包括气体吸附、氧化降解、气态氧化（燃烧）、爆炸、冷结晶等。

③ 放热或吸热反应：包括晶型转变、化学分解、氧化还原反应、固态反应等。

使用 DTA 方法获得的差热曲线仅能指示样品在某一温度发生反应或相变，但无法揭示物质的重量变化，也难以区分物理或化学变化。因此，若要进一步确认具体反应性质，还需要结合光谱、质谱和 X 射线衍射等技术进行辅助分析。

差热分析法（DTA）存在理论上的局限性，因为它测量的是样品与参比样的温度差，而转变时的热效应是未知的，导致温差与热量变化的比例不确定，无法实现对热量变化的准确定量测量。差示扫描量热法（DSC）在 DTA 基础上增加了补偿加热器，适用于热效应的定量测量，能够直接反映样品转变时的热效应，便于定量分析。

在 DSC 测试中，样品和参比样密封在坩埚中，保持几乎相同的温度。参比物通常是空白坩埚，其热容量在测量温度范围内具有明确的定义。测试时，补偿加热器使样品与参比样的温度同步升高，记录热流随温度变化的过程。

尽管 DSC 的原理简单，实验结果的准确性依赖于优化的实验条件。影响结果的因素分为仪器和样品两类。仪器因素包括炉子的大小与形状、热电偶的规格与位置、升温速率、测试气氛、坩埚材料与形状等。升温速率对玻璃化转变温度（T_g）影响较大，过慢的升温导致转变不明显，过快则转变清晰但温度偏高。升温速率对聚合物结晶影响较小，但可能促使重组或冷结晶，提高结晶度。通常，慢速升温产生尖锐峰，分辨率较高，而快速升温则导致基线漂移，推荐升温速率为 10 ℃/min。

样品因素中，样品量是关键。只有在样品量不超出特定范围时，峰面积与样品量才呈线性关系，超出范围则偏离线性，且过量样品会导致峰的尖锐度下降。对于热容变化小的样品，样品量应适当增加。样品和参比样的热容量应匹配，避免因差异过大导致基线漂移。粉末样品的粒度也会影响表面反应，粒度越小，峰移向低温。在测量玻璃化转变或相变时，建议使用薄膜或细粉样品，并确保试样均匀铺满坩埚底部，且压紧盖子。

三、仪器与试剂

1. 仪器

TA 公司 DSC 2500、电子天平、压片机。

2. 试剂

聚乙烯、聚丙烯、聚对苯二甲酸乙二醇酯等聚合物，铝坩埚。

四、实验操作

1. 按照设备要求，缓慢拧开氮气瓶，开启 DSC 制冷功能，在测量前校准仪器。

2. 对聚合物样品进行预处理，使用压片机将样品压入铝质坩埚中。用同样的方法制备空白铝质坩埚作为参比样。

3. 检查两个坩埚，确保在制备过程中没有发生严重形变或密封缺陷。确认无误后，打开 DSC 测试室，将坩埚放置在热电偶上，关闭测试室。

4. 在软件中选择或设置测量流程，并设定载气的流速。

5. 点击软件上的“开始测量”按钮。

6. 测量结束后，保存实验数据。待测试室温度冷却后，打开盖子，取出样品并妥善保存实验数据。

7. 关闭软件并关闭仪器。

8. 结果处理与数据分析：根据实验结果进行数据分析，绘制测试曲线并给出分析结论。

五、思考题

1. 如果某聚合物在热转变时的热效应很小，如何提高这个转变的强度？

2. 聚合物 T_g、T_c 和 T_m 的主要影响因素有哪些？

3. DSC 实验中，影响转变温度测定精度的因素有哪些？

4. “新材料产业是战略性、基础性产业，也是高技术竞争的关键领域，我们要奋起直追、迎头赶上”。请简述 DTA 和 DSC 在新材料尤其是高分子新材料研发领域的应用。

参考文献

[1] Petrozzi S. Practical Instrumental Analysis: Methods, Quality Assurance and Laboratory Management [M]. Weinheim, Germany: WILEY-VCH Verlag GmbH &Co KGaA, 2013.

[2] Bruno T J, Robinson J W, Frame E M S, et al. Undergraduate Instrumental Analysis [M]. 8ta Edition. Boca Raton: CRC Press, 2023.

[3] Maltsev Y, Maltseva K. Fatty Acids of Microalgae: Diversity and Applications [J]. Reviews in Environmental Science and Bio-Technology, 2021, 20 (2): 515-547.

[4] Liu H, Ding C, Zhang G, et al. Dissolved and Particulate Heavy Metal Pollution Status in Seawater and Sedimentary Heavy Metals of the Bohai Bay [J]. Marine Environmental Research, 2023, 191: 106158.

[5] Wieczorek J, Baran A, Bubak A. Bioaccumulation in Plants, and Risk Assessment of Metals in Soils [J]. Science of The Total Environment, 2023, 882: 163574.

[6] Olmo A, Calzada J, Nunez M. Benzoic Acid and Its Derivatives as Naturally Occurring Compounds in Foods and as Additives: Uses, Exposure, and Controversy [J]. Critical Reviews in Food Science and Nutrition, 2017, 57 (14): 3084-3103.

[7] Kumar M N. A Review of Chitin and Chitosan Applications [J]. Reactive and Functional Polymers, 2000, 46 (1): 1-27.

[8] Dutta, P, Dutta, J, Tripathi V. Chitin and Chitosan: Chemistry, Properties and Applications [J]. Journal of Scientific & Industrial Research, 2004, 63 (1): 20-31.

[9] Kim S K. Springer Handbook of Marine Biotechnology [M]. Heidelberg: Springer Berlin, 2015.

[10] Zhitkovich A. Chromium in Drinking Water: Sources, Metabolism, and Cancer Risks [J]. Chemical Research in Toxicology, 2011, 24: 1617-1629.

[11] Kaur H, Srivastava S, Goyal N, et al. Behavior of Zinc in Soils and Recent Advances on Strategies for Ameliorating Zinc Phytotoxicity [J]. Environmental and Experimental Botany, 2024 (220): 105676.

[12] Valeur B, Berberan-Santos M N. Molecular Fluorescence: Principles and Applications [M]. 2nd edition. Weinheim: WILEY-VCH Verlag GmbH & Co KGaA, 2012.

[13] McNaught A D, Wilkinson A. IUPAC, Compendium of Chemical Terminology (the "Gold Book") [M]. 2nd edition. Blackwell Scientific Publications, 2019.

[14] 叶宪曾，张新祥．仪器分析教程 [M]. 北京：北京大学出版社，2007.

[15] 许金钩，王尊本．荧光分析法 [M]. 3 版．北京：科学出版社，2006.

[16] 张新祥，李美仙．仪器分析教程 [M]. 3 版．北京：北京大学出版社，2022.

[17] 岛津 UV-2700 紫外可见分光光度计操作手册．

[18] 董慧茹．仪器分析 [M]. 4 版．北京：化学工业出版社，2022.

[19] 刘密新，罗国安，张新荣，等．仪器分析 [M]. 2 版．北京：清华大学出版社，2002.

[20] 陈怀侠．仪器分析 [M]. 北京：科学出版社，2021.

[21] 张学记，鞠熀先，约瑟夫·王．电化学与生物传感器-原理、设计及其在生物医学中的应用 [M]. 张书圣，李雪梅，杨涛，等译．北京：化学工业出版社，2009.

[22] 张剑荣，余晓东，屠一锋，等．仪器分析实验 [M]. 北京：科学出版社，2009.

[23] 马建泰．仪器分析实验 [M]. 兰州：兰州大学出版社，2022.

[24] 郑洪涛，陈艳，鲁立强，等．仪器分析实验教程 [M]. 武汉：中国地质大学出版社，2022.

[25] 吴硕，刘志广．仪器分析 [M]. 北京：高等教育出版社，2023.

[26] Ariponnammal S, Anusha S, Shalini S. Structural and Spectroscopic Investigations on Cobalt Sulphate [J]. MaterialsToday: Proceedings, 2020 (27): 336-339.